L. David Mech

AUF DER FÄHRTE DER WÖLFE

LEBEN IM RUDEL · JAGD UND BEUTE
AUFZUCHT DER WELPEN · ARTENSCHUTZ

(Foto: Tom Brakefield)

Vorwort von Robert Bateman

Aus dem Amerikanischen
von Konrad Dietzfelbinger

Frederking & Thaler

FÜR WALLACE DAYTON

den Tierschützer, Menschenfreund und Verteidiger der Wildreservate, der sich als einer der ersten für das Projekt des Internationalen Wolfszentrums einsetzte.

Fotos: Tom Brakefield, Diane Boyd, Todd Fuller, Fred Harrington, Karen Hollett, Layne Kennedy, Rick McIntyre, L. David Mech, Thomas Meier, Mike Nelson, Jane Packard, Bill Paul, Rolf Peterson

Titelfoto: Tom Brakefield
Rückentitel: L. David Mech

Die Deutsche Bibliothek – CIP-Titelaufnahme

Mech, L. David:
Auf der Fährte der Wölfe / L. David Mech. [Übers.: Konrad Dietzfelbinger]. – München: Frederking & Thaler, 1992
Einheitssacht.: The way of the wolf <dt.>
ISBN: 3-89405-315-1
NE: HST

Herausgegeben von Monika Thaler
Produktion: VerlagsService Dr. Helmut Neuberger & Karl Schaumann GmbH, Heimstetten
Wissenschaftliche Beratung: Gerda Killer, München
Satz: Filmsatz Schröter GmbH, München
Printed in Hongkong

ISBN: 3-89405-315-1

International Wolf Center

Das International Wolf Center ist eine Institution in Ely, Minnesota, in einer Region also, in der es noch wilde Wölfe gibt. Es handelt sich nicht um ein Museum, eine Schule, einen Zoo oder ein Kongreßzentrum, aber es soll Elemente all dieser Einrichtungen enthalten. Aufgabe des Wolf Center wird es sein, Menschen verschiedenster Art und Interessenlagen in je geeigneter Weise Informationen nahezubringen. Es bietet Interessierten Kurse an, in deren Verlauf man den Wolf in seinem natürlichen Lebensraum kennenlernen kann. Man unternimmt Wanderungen zu Wolfspfaden oder zu verlassenen Höhlen, man belauscht auf nächtlichen Exkursionen das Heulen der Wölfe, verfolgt auf Skiern, Schneeschuhen oder Hundeschlitten die Fährten der jagenden Rudel und studiert die Spuren auf Beuteplätzen; im Winter stehen auch Beobachtungsflüge auf dem Programm.

Seinen internationalen Anspruch will das Wolf Center insofern einlösen, indem es Ausstellungen aus fremden Ländern zeigt.

Das Wolf Center ist eng mit dem Vermilion Community College des Staates Minnesota verbunden. Die Trägerschaft haben verschiedene Organisationen von Wolfsbiologen und anderen Freunden des Wolfs sowie mehrere Naturschutzverbände gemeinsam übernommen. Für die Planung und den Aufbau wurde ein Komitee gegründet, in dem Wolfsforscher, Umweltexperten, Pädagogen, Wildbiologen, Naturfreunde und andere umweltbewußte und sachverständige Menschen ehrenamtlich mitarbeiten. Der Autor ist Vizepräsident dieses Ausschusses. Anfragen richten Sie bitte an:

Committee for an International Wolf Center
c/o Vermilion Community College
1900 E. Camp St.
Ely, MN 55731

Inhalt

(Foto: Tom Brakefield)

VORWORT

Mein Leben wäre entschieden anders verlaufen, wenn ich nicht mehrere Sommeraufenthalte im Algonquin Park in Ontario, Kanada, verbracht hätte. Ich war um die Zwanzig und arbeitete als Mädchen für alles in einem Camp zur Erforschung des Verhaltens der Wildtiere. In meiner Freizeit erkundete ich per Kanu oder zu Fuß Gegenden, die bisher wohl kaum ein Mensch betreten hatte. Eines Abends wurde ich von der Dunkelheit überrascht, während ich auf einem stillen See umherpaddelte. Ich war stolz darauf, daß ich so geräuschlos paddeln konnte wie ein Indianer. Da durchschnitt plötzlich das dumpfe, lange Geheul eines Wolfs das Schweigen ringsum. Mein erster Wolf! Ich bekam eine Gänsehaut – eine Reaktion, die dem Menschen als Erbe aus der Urzeit im Blut liegt.

Stets hat der Mensch gespürt, daß Wölfe etwas Außergewöhnliches sind, etwas, dessen Faszination man sich nicht entziehen konnte. Stets konkurrierten diese Tiere mit uns Menschen um die gleichen Beutetiere. Sie waren unsere Rivalen, unsere Feinde – vielleicht weil sie uns in vieler Beziehung so ähnlich sind. Die Wolfsgemeinschaft gleicht in mancher Hinsicht der menschlichen Gesellschaft. In beiden spielen Intelligenz, Überlebensstrategie, Loyalität, Herdentrieb, Lernfähigkeit und Tradition eine große Rolle.

Lange waren Mensch und Wolf ebenbürtige Gegner. Beide durchstreiften sie das Land in Familienverbänden als räuberische Nomaden. Die größte Revolution jedoch, die jemals auf dieser Erde stattfand, war der Übergang zum Ackerbau im Neolithikum. Siedlungen entstanden, der Mensch gewann Macht über die Natur und nahm die Erde in Besitz. Wo aber Menschen die wilde Natur gezähmt haben, ist kein Platz mehr für Wölfe. Im Lauf des 20. Jahrhunderts wurden die einst primitiven Produktionstechniken der Jungsteinzeit industrialisiert: Land- und Forstwirtschaft, Bergbau und Energiegewinnung kulminierten in gigantischen Projekten, und heute lautet die wichtigste Frage: Wie können wir dieser größenwahnsinnigen Ausbeutung der Erde ein Ende

(Foto: L. David Mech)

machen, damit ihr Artenreichtum auch künftigen Generationen erhalten bleibt?

Der Wolf ist ein herrliches Symbol für die ungezähmte, artenreiche Welt der Vorzeit. Er war damals das letzte Glied in der Nahrungskette und in den unterschiedlichsten Zonen der Erde heimisch: von öden Tundragebieten über dichte Wälder bis zu trockenen Tälern und Wüsten reichten seine Lebensräume und erstreckten sich über die ganze nördliche Halbkugel. Heute ist er in vielen Gegenden ausgerottet, und wir fragen uns, ob denn auf Erden überhaupt noch Platz ist für große Raubtiere wie Bären, Raubkatzen und Wölfe. Seit alters her waren diese Tiere unsere Konkurrenten, und sie werden es auch in Zukunft sein. Denn sie brauchen viel Platz.

Heute haben wir uns angewöhnt, den lieben Gott zu spielen. Wir haben also die Wahl, den Wölfen Reservate anzuweisen, ja sie sogar in ihren früheren Lebensräumen wieder heimisch zu machen – oder sie in Tiergärten und Romane zu verbannen. Die Arbeit, die David Mech und andere leisten, nährt die große Hoffnung, daß dieses Symbol der Wildnis -- der Wolf – noch viele Jahrhunderte lang seinen Ruf im Schweigen der Natur ertönen läßt.

ROBERT BATEMAN

EINFÜHRUNG

Aha! So machen sie es also! Mit kaum unterdrücktem Jubel beobachtete ich, wie der Alpha-Wolf sein Rudel vor der Höhle verließ und die Spur von »Mom«, der Mutter seiner Jungen, aufnahm, die gerade von der Mahlzeit an einem Moschusochsen zurückgekommen war. Fast dreißig Jahre, nachdem ich begonnen hatte, das Leben der Wölfe zu studieren, stand ich endlich vor der Lösung eines Geheimnisses, das mich nie hatte ruhen lassen: Wie finden Wölfe eine Beute, die andere Mitglieder des Rudels gerissen haben? Um eine Antwort auf diese und viele andere »Wolfsrätsel« zu finden, hatte ich mich auf eine lange Reise begeben. Mein Ziel lag nur wenige Flugstunden vom Nordpol entfernt. Denn anderswo ist es fast unmöglich, Wölfe aus der Nähe zu beobachten. Hier, weit nördlich der Baumgrenze in Kanada, war ich auf ein Rudel weißer Arktiswölfe gestoßen, die mir sogar erlaubt hatten, mich mit ihnen anzufreunden.

Meine Karriere als Wolfszoologe begann 1959. Damals flog ich mit einem Flugzeug mit Schneekufen über die dichtbewaldete Isle Royale, den Nationalpark im Lake Superior. Die Wölfe, die unten über die Insel zogen, sahen fast wie Ameisen aus, die über das Eis krochen. Ich konnte beobachten, wie sie jagten und gelegentlich einen Elch töteten. Ich machte mir Notizen über ihr Verhalten, um sie für meine Doktorarbeit auszuwerten.

Später begab ich mich ins benachbarte Minnesota und lernte, wie man den Aufenthalt von Wölfen über Radiosender verfolgt, die man ihnen um den Hals hängt. Zwanzig Jahre lang konnte ich mit Hilfe dieser Technik Wölfe und Rotwild beobachten. So gewann ich Erkenntnisse über Wanderun-

Begegnung zwischen Wolf und Grizzlybär. Wölfe und Bären gehen einander im allgemeinen aus dem Wege, doch kommt es immer wieder vor, daß sie unvermutet aufeinanderstoßen. Es ist bekannt, daß der Wolf einen Grizzly, aber auch der Grizzly einen Wolf töten kann. Wahrscheinlich ist die Rivalität um ein erlegtes Beutetier der häufigste Anlaß zu einer Auseinandersetzung. (Foto: Rick McIntyre)

gen, Bevölkerungstrends, Lebensräume, Territorien, Verbreitung, Überlebens- und Sterblichkeitsrate, Beziehungen zwischen Wolf und Rotwild, Fortpflanzung, Duftmarkierung, Geheul, Nahrungsverbrauch und viele andere zoologische Aspekte. Anfang 1985 erhielt ich den Auftrag, im Denali Nationalpark in Alaska den Umfang der dortigen Wolfspopulation, die Größe der Rudel, die Vermehrung und Überlebensrate und die Jagd auf Karibus, Elche und Dall-Schafe zu erforschen. Diese Untersuchungen beanspruchen neben dem Minnesotaprojekt immer noch den größten Teil meiner Zeit.

Die Krönung meiner Erlebnisse mit Wölfen war jedoch die eingangs erwähnte Entdeckung dieses Wolfsrudels im hohen Norden, die ich in meinem 1990 erschienenen Buch »Der weiße Wolf« eingehend beschrieben habe. Die Tiere ließen mich nicht nur mehrere Wochen hintereinander in nächster Nähe – nur ein paar Meter entfernt! – bei sich leben. Ich konnte sogar konkrete Beziehungen zu ihnen aufnehmen. Dadurch war es mir möglich, verschiedene Experimente durchzuführen und mein Wissen über Wölfe stark zu erweitern.

Nun befand ich mich mitten in einem solchen Test. Bis vor einigen Stunden hatte der frische Kadaver eines Moschusochsen, von den Wölfen unentdeckt, etwa zweieinhalb Kilometer von der Höhle entfernt gelegen. Ich wußte, daß ein Rudelmitglied, wenn es das Aas fand, sich den Bauch vollschlingen und dann zur Höhle zurückkehren würde. Am Geruch dieses Wolfes würden die anderen erkennen, daß er einen Fund gemacht hatte. Aber wie würde der Rest des Rudels den Kadaver finden? Würden sie warten, bis der erste Wolf zu ihm zurückkehrte, um ihm dann zu folgen? Würden sie ausschwärmen und versuchen, den Ochsen selbst zu entdecken? Oder würden sie so lange bitten und betteln, bis ihr Gefährte selbst sie zur neuen Nahrungsquelle führte?

Um eine Antwort auf diese Frage zu finden, hatte ich selbst drei Wölfe des Rudels zu dem Kadaver gelotst. Mit meinem dreirädrigen, geländegängigen Motorrad, das ich für große Entfernungen über das kahle Land benützte, hatte ich mich auf den Weg zu dem toten Moschusochsen gemacht. Ab und zu ließ ich dabei Leckerbissen für die Wölfe fallen und veranlaßte sie so, mir zu folgen. Etwa 200 Meter vor dem Kadaver witterte oder erspähte ihn Mom, das ranghöchste Weibchen. Sie jagte an mir vorbei, näherte sich dann vorsichtig der zotteligen Masse, und sobald sie dort angelangt war, riß sie sofort Stücke heraus und fraß sie hastig. Nach etwa zwanzig Minuten fuhr ich dann also zur Höhle zurück, um dort Moms Verhalten bei ihrer Rückkehr zu beobachten.

Nachdem sie eineinhalb Stunden getafelt hatte, kam Mutter Wolf über einen Abhang zur Höhle gelaufen, sprang hin und her und wedelte aufgeregt mit dem Schwanz. Wie in ähnlichen Fällen zuvor löste sie damit bei Jungen und Er-

Schwarze Wölfe leben vor allem im Gebiet zwischen den Vereinigten Staaten und dem nördlichen Polarkreis. Schwarz ist die häufigste Farbe der Wölfe im Großteil Alaskas und in Südkanada. Manche Rudel bestehen ganz aus schwarzen Tieren. (Foto: Tom Brakefield)

wachsenen einen allgemeinen Aufstand aus. Sie würgte einige Fleischstücke wieder hervor, und gierig verschlangen sie die Jungen – so geht die Wolfsfütterung normalerweise vor sich.

Das »Alpha«-Männchen jedoch – ich nenne es »Alpha«, weil es das »erste« Männchen, das Tier mit dem höchsten Rang im Rudel, war – verhielt sich sehr merkwürdig. Immer wieder blickte der Wolf intensiv in die Richtung, aus der Mom gerade gekommen war. Dann aber, nachdem er rund 45 Minuten lang die Welpen mit der Nase gestupst, mit dem Schwanz gewedelt, mit den anderen Tieren gespielt, sich mit ihnen gejagt und sich überhaupt auf jede nur denkbare Weise mit ihnen verbrüdert hatte, machte er sich an die Arbeit. Er nahm die Spur auf, die Mutter Wolf vom Moschusochsen bis zur Höhle hinterlassen hatte. Auf dem Boden und in der Luft umherschnuppernd, rannte der große weiße Wolfsrüde mehr, als er ging, in Richtung Kadaver. Umwege, die ich gefahren war, beachtete er nicht. Vielmehr eilte er geradewegs auf den Moschusochsenkadaver zu. Ohne Zweifel folgte er der Spur von Mutter Wolf. 400 Meter vor dem Kadaver nahm er direkt die Witterung auf. Meine Frage war beantwortet. Ich hatte ein weiteres kleines Stück des faszinierenden Wolfspuzzle beisammen, das freilich noch immer unvollständig war: ein Bild, das wir die »Fährte der Wölfe« nennen wollen.

DER WOLF

Es gibt ihn noch, den »wilden Wolf«, sogar in einigen der dünner besiedelten »unteren« 48 US-Staaten, obwohl er dort so selten geworden ist, daß er schon auf der Liste der vom Aussterben bedrohten Arten steht. Aber selbst wenn man sich dorthin wagen würde, wo wilde Wölfe leben, würde man keinen zu Gesicht bekommen. Ohren, Nase und Augen alarmieren den wilden Wolf schon frühzeitig, daß ein gefährlicher Eindringling im Anmarsch ist. Und schon ist er verschwunden. Der Mensch hat im Lauf der Geschichte immer nur den Hund, die gezähmte Variante des Wolfes, akzeptiert. Deshalb war der wilde Wolf gezwungen, ein zurückgezogenes und vorsichtiges Leben zu führen. Tiere, die sich nicht so verhielten, mußten es mit dem Leben bezahlen.

So hat man sich also den Wolf der vergangenen Jahrhunderte vorzustellen: scheu und immer zur Flucht bereit. Er verbarg sich in der tiefsten Wildnis und mußte sich seine seltenen, aus Fleisch, Knochen und Haut bestehenden Mahlzeiten selbst »verdienen« – und in der Regel schwer erkämpfen.

Und weil es sich in Gesellschaft leichter jagt, lebt der Wolf im Rudel. Gemeinsam sind die Wölfe imstande, größere Tiere anzufallen und zu töten: Sie jagen effizienter. Um aber ein Gruppenleben führen zu können, besitzen Wölfe ein ausgeprägtes Sozialverhalten. Sie vertragen sich gut miteinander und bilden starke Beziehungen zu den anderen Mitgliedern des Rudels aus.

Der Wolf ist gewissermaßen der Hund im Original. Am meisten ähnelt er Hunderassen wie dem Eskimo-Schlittenhund, dem Husky und dem deutschen Schäferhund. Doch unterscheidet er sich von ihnen durch seinen schlankeren Wuchs. Er ist magerer und stromlinienförmiger gebaut. Und im Norden seiner Wohngebiete, die sich über die ganze Erde erstrecken, ist er normalerweise größer, sein Pelz ist buschiger, krauser, und auch seine Pfoten sind größer.

Die Farbe der meisten Wölfe ist ein meliertes Grau, wobei Beine und Flanken lohfarben leuchten. Doch weit im Norden sind sie cremig weiß, manchmal mit hellgrauer Mähne. In

Der Wolf ist der Urahn des Hundes. Es gibt über hundert Hunderassen, und alle stammen sie vom Wolf ab. Man ist heute aufgrund der jüngsten Genforschungen der Auffassung, daß die Zähmung des Hundes aus dem Wolf im Lauf der Geschichte nicht nur einmal, sondern mehrmals erfolgte. (Foto: Tom Brakefield)

Teilen Kanadas, Alaskas und des Nordens der USA gibt es freilich auch pechschwarze Tiere. Weiter im Süden jedoch sind fast alle Wölfe hellgrau. Allerdings sah ich einmal im Superior National Forest in Minnesota ein Rudel mit drei grauen, einem schwarzen und einem weißen Exemplar.

Lange Zeit unterschieden die Zoologen nur zwei Haupttypen – Arten – von Wölfen: den Grauen Wolf (Canis lupus) und den Roten Wolf (Canis rufus). Graue Wölfe lebten ursprünglich über die ganze nördliche Hemisphäre verteilt, und zwar etwa oberhalb des 20. Breitengrades, der annähernd durch Mexico City und Südindien verläuft. Die einzige Ausnahme war der Südosten der Vereinigten Staaten, wo nur der Rote Wolf beheimatet war. Doch die Zoologen streiten sich noch, ob sich der Rote Wolf wirklich vom Grauen unterscheidet oder ob er nicht nur ein großer Kojote ist, vielleicht auch eine Kreuzung zwischen Wolf und Kojote.

In Nordamerika haben Grauwölfe mehrere Namen, entsprechend dem Gebiet, in dem sie leben. Beispielsweise heißen sie in den östlichen Waldgebieten Nordamerikas »Timberwölfe«, im hohen Norden »arktische Wölfe«, in der Tundra »Tundrawölfe«, und im Südwesten der Vereinigten Staaten und in Mexico sind es die »Lobos«, das spanische Wort für Wolf. Um die Sprachverwirrung vollständig zu machen, bezeichnet man auch den kleineren Vetter des Grauwolfs, den Kojoten, der gar kein Wolf ist, in vielen Gegenden als »Brush wolf« bekannt.

Wie bei den meisten anderen Tieren auch, gibt es bei den Grauwölfen regionale Unterschiede im Erscheinungsbild.

Es variieren Größe, Farbe und Schädelumfang. Wissenschaftler, die sich mit diesen kleineren, geographisch bedingten Unterschieden beschäftigen, teilen die gesamte Population in verschiedene Wolfsrassen oder Unterarten ein.

Doch da Wölfe in den genannten Merkmalen auch schon innerhalb einer engeren Region Unterschiede aufweisen, sind sich die Zoologen nicht einig, wie viele Wolfsrassen sie ansetzen sollen. In Nordamerika z. B. unterschied man ursprünglich 24 Unterarten. Aber einzelne Wölfe können weit über Land ziehen, und sie kümmern sich dabei nicht im geringsten um die Grenzen der Lebensräume, die ihnen die Zoologen zugewiesen haben. Der Wolfsbiologe Dr. Steve Fritts fand einen Wolf, der sich von Minnesota bis Saskatchewan durchgeschlagen und dabei die willkürlich definierten Verbreitungsgebiete dreier Unterarten durchquert hatte. Solche und andere Erfahrungen haben allmählich zu einer moderneren Sehweise geführt. Man nimmt heute an, daß es in Nordamerika im wesentlichen nur fünf Unterarten gibt.

Aber in der lebendigen Wirklichkeit sind alle Wolfsrassen praktisch identisch. Verhaltenszoologie und Naturgeschichte der verschiedenen Rassen, auch der nordamerikanischen und europäischen, ähneln einander. Wirkliche Unterschiede

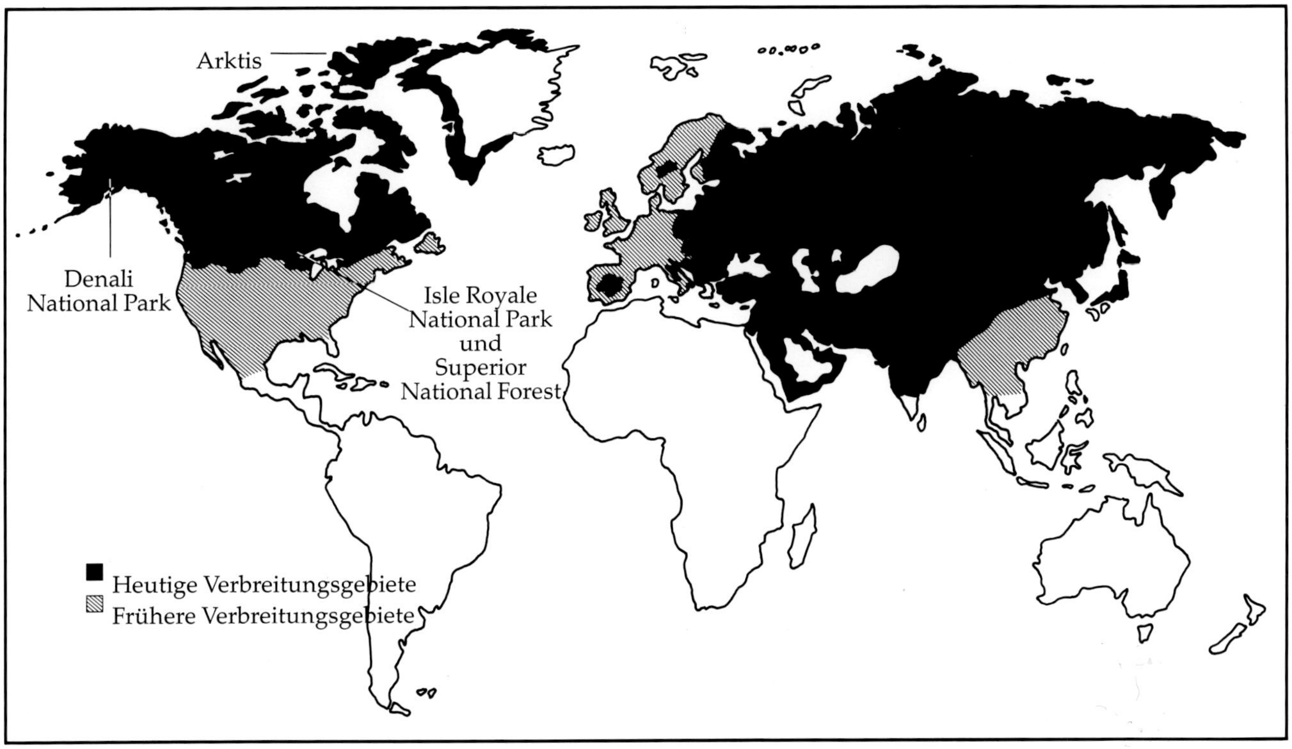

Verteilung der Wolfspopulation auf der Erde früher und heute. Ursprünglich war der Wolf das weitestverbreitete wilde Säugetier überhaupt. Doch je mehr der Mensch und seine Techniken von der Erde Besitz ergriffen, desto stärker wurden Leben und Umwelt des Wolfes in Mitleidenschaft gezogen. Seine Verbreitungsgebiete wurden erheblich reduziert.

beziehen sich mehr auf die jeweiligen konkreten Lebensbedingungen, z. B. die Art der Nahrung, das Klima und die geographische Beschaffenheit des jeweiligen Verbreitungsgebiets.

Auch physisch gleichen sich die Rassen. Manche davon kann nur ein Experte auseinanderhalten, und auch das nur, wenn er vorher eine Menge Schädel vermessen hat. Namen für Unterarten, wie MacKenzie Valley Wolf (Wolf des MacKenzie Tals), Northern Rocky Mountains Wolf (Wolf der nördlichen Rocky Mountains), Great Plains Wolf (Wolf der Großen Ebenen) oder Eastern Timber Wolf (östlicher Timberwolf) beziehen sich mehr auf das Stammgebiet der Wölfe als auf wirkliche Unterschiede zwischen den Tieren selbst.

Wölfe unterscheiden sich grundlegend von Kojoten, obwohl Kreuzungen zwischen ihnen möglich sind. Kojoten sind normalerweise höchstens halb so groß wie Wölfe. Sie haben spitzere Nasen, im Verhältnis größere, nach außen stehende Ohren und kleinere Pfoten. Sie leben im allgemeinen auch von kleineren Beutetieren wie Kaninchen und Hasen, bewohnen kleinere Reviere, erreichen eine höhere Populationsdichte, paaren sich früher und leben in kleineren Gruppen zusammen als Wölfe.Im allgemeinen trennen sich junge Kojoten auch schon im ersten Herbst ihres Lebens von ihren Eltern, während die kleinen Wölfe es vorziehen, länger in der elterlichen Obhut zu bleiben. Daher pflegen Kojoten im Winter einzeln oder paarweise zu wandern, Wölfe dagegen meist in Rudeln. Trotzdem leben auch Kojoten rudelweise,

Der Wolf bewohnt die wildesten und unzugänglichsten Gebiete der Erde, und er ist auf diese Weise geradezu zu einem Synonym für Wildnis geworden. Überall, wo es große Beutetiere gibt, kann er sich ausbreiten. Doch die jahrhundertelange Verfolgung durch den Menschen hat ihn fast überall ausgerottet, außer in den entlegensten Winkeln der Erde. (Foto oben: Rick McIntyre. Foto rechts: Tom Brakefield)

und zwar dort, wo sie Jagd auf größere Beutetiere machen. Umgekehrt tendieren Jungwölfe zu einer früheren »Abnabelung« von ihren Eltern, wenn die Tiere sich vor allem von Abfällen und kleinen Beutetieren ernähren.

Je nach Verbreitungsgebiet variiert die Größe der Wölfe. Die kleinsten leben im südlichen Teil des Lebensraums der Art, besonders im Vorderen Orient. Dort beträgt ihr Gewicht nur rund 30 Pfund. Die größten Tiere bewohnen Kanada, Alaska und die Länder der GUS, wo sie gelegentlich bis zu 160 Pfund erreichen. In einem Dokumentarbericht wird ein Wolf aus dem Yukongebiet erwähnt, der – unbestätigte – 200 Pfund auf die Waage gebracht haben soll. Die männlichen Tiere sind in der Regel um 20 Prozent größer als die weiblichen.

Aber wie groß sie auch immer werden mögen – stets erreichen sie ihre endgültige Größe schon in den ersten ein bis zwei Lebensjahren. Viele von ihnen sind bereits im ersten Herbst ihres Lebens fast so schwer wie ein erwachsenes Tier. Die Schulterhöhe eines Wolfs mittlerer Größe mit einem Gewicht von etwa 60 Pfund beträgt 75 cm, seine Körperlänge knapp 200 cm, und das Weibchen dieser Größe bringt Junge zur Welt, die bei der Geburt etwa ein Pfund wiegen. Im Laufe von 14 Wochen nehmen die Jungen im Schnitt drei Pfund pro Woche zu, zwischen der 14. und 27. Woche etwa 1,3 Pfund wöchentlich. Mit sechs bis zwölf Monaten sind sie schließlich voll ausgewachsen.

Wenn Wölfe etwa ein Jahr alt sind, ist ihr Wachstum beendet. Sie können dann vielleicht noch an Gewicht zunehmen, aber ihre Größe ändert sich von da an nicht mehr. Ein zehn bis zwölf Monate altes gefangenes Wolfsjunges, dessen Nahrung meine Kollegen und ich rationierten, blieb auch später magerer und leichter als ein Tier des gleichen Wurfs, das wir nach Belieben fressen ließen.

Vermutlich hängt das schnelle Wachstum eines Wolfsjungen damit zusammen, daß es schon im Herbst mit den Erwachsenen auf Wanderschaft gehen muß. Denn der Wolf ist ein Bewohner des Nordens und verbringt einen Großteil des Jahres in Schnee und Eis. Wären die Jungen noch nicht erwachsen, wenn der erste Schnee fällt, würden sie die Wanderungen des Rudels mit ihren Eltern kaum durchhalten. In manchen Gegenden Nordkanadas und Alaskas, wo das Karibu Hauptbeutetier des Wolfs ist, müssen die Jungen ihrer wandernden Nahrungsquelle an die 450 km folgen, bis diese ihre Winterweiden erreicht hat.

Jeder Wolf ist eine individuelle Persönlichkeit, genau wie ein Hund. Menschen, die Wölfe in Gefangenschaft aufgezogen haben, auch ich selbst, können das bestätigen. Der eine ist schüchtern, der andere extrovertiert, der dritte zurückhaltend, wieder ein anderer gibt sich undurchschaubar. Ein männliches Tier, das ich in einem Stall zu Beobachtungszwecken aufzog, wedelte mit dem Schwanz, zeigte einen

Der Wolf ist ein großes Tier und lebt meist im Rudel. Daher muß er versuchen, Beute zu schlagen, die größer ist als er selbst: Elch, Büffel, Karibu, Rotwild, Schaf, Ziege und Moschusochse. Die meisten dieser Beutetiere verfügen jedoch über wirksame Verteidigungswaffen. (Foto: L. David Mech)

Der im Südosten der Vereinigten Staaten lebende Rote Wolf war den Wolfsbiologen lange ein Rätsel. Da er nach Gestalt und Größe eine Mittelstellung zwischen Wolf und Kojote einnimmt, dachte man zunächst, es handle sich um eine eigene Art (Canis rufus). Aber schon das Erscheinungsbild legt nahe – und auch jüngst durchgeführte Genforschungen weisen darauf hin –, daß das Tier wohl eine Kreuzung aus Wolf und Kojote sein dürfte. In freier Wildbahn ist die Gattung fast ganz ausgerottet – mit Ausnahme weniger Exemplare, die der US Fish and Wildlife Service in den letzten Jahren in Nordost-Carolina wieder angesiedelt hat. (Foto: Tom Brakefield)

Sind Wölfe dem Menschen gefährlich?

Was denken Sie? War Rotkäppchen wirklich in Lebensgefahr? Ist der Wolf eine blutrünstige, reißende Bestie? Aber was ist mit den Spaziergängern und Campern in Nationalparks und -wäldern, in denen Wölfe leben? Sind sie gefährdet?

Die Antwort lautet kurz und bündig »Nein!« Im Superior National Forest von Minnesota z. B sind seit langem zwei- bis vierhundert Wölfe beheimatet. An die 19 Millionen Besuchstage sind bisher dort verbracht worden, und keine einzige Verlustmeldung wegen eines Wolfes ist eingegangen!

Es gibt ein paar belegte Fälle, in denen Wölfe in anderen Gebieten Nordamerikas möglicherweise Menschen angefallen haben. In einen dieser Fälle war ein Wissenschaftler verwickelt, der einen Kampf zwischen einem Wolf und seinen Schlittenhunden abzubrechen versuchte. Dem Mann wurde der Arm zerfleischt, als er den Wolf von hinten am Hals packen wollte, was selbst bei zahmen Hunden sehr unvorsichtig ist. In Minnesota verwechselte ein Wolf einen nach Rotwild riechenden Jäger offenbar mit einem Reh und rannte ihn in wilder Jagd über den Haufen. Als der Wolf seinen Irrtum bemerkte, zog er sich diskret zurück. Einige andere Beispiele dieser Art könnten noch angeführt werden.

Und in Eurasien? Geschichten von Wölfen, die Menschen angegriffen haben sollen, dringen immer noch aus dem Nahen Osten, China, Indien und der GUS an unsere Ohren. Ob diese Geschichten wahr sind, läßt sich nicht mit Sicherheit feststellen. Geht man ihnen jedenfalls auf den Grund, so stellt sich oft heraus, daß nichts dahinter steckt.

Es gibt keine gründlich geprüften, gut belegten Berichte aus jüngster Zeit, die Licht in dieses Dunkel bringen und jeden Zweifel aus der Welt schaffen könnten. Angesichts dieser Ungewißheit sollten wir abwarten und die Augen offen halten.

Ich zweifle nicht daran, daß ein einzelner Wolf, erst recht ein ganzes Rudel, einen Menschen mühelos töten könnte – wenn er es wollte. Ich habe Wölfe aus nächster Nähe beim Reißen ihrer Beute beobachtet. Sie taten es schnell und geräuschlos. Ein paar wohlgezielte Bisse, und der Mensch wäre tot. Tatsache ist jedoch: Nirgends wird berichtet, daß ein nicht provozierter, nicht tollwütiger Wolf in Nordamerika einen Menschen schwer verletzt hätte.

Die meisten Wölfe sind grau. Daher die Bezeichnung »Grauer Wolf« für die ganze Art. Doch sind auch schwarze Wölfe verbreitet, besonders in Kanada und Alaska, und wenn man sich dem Polargebiet nähert, also auf den kanadischen Inseln des hohen Nordens und in Grönland, stößt man auf weiße Wölfe. Manche der weißen Arktiswölfe haben jedoch graue Strähnen auf dem Rücken. Schwarze und graue Tiere kann es in ein und demselben Wurf geben. Der Autor konnte in Minnesota ein Rudel mit grauen, schwarzen und einem sehr hellen, fast weißen Wolf beobachten. Es kommt auch vor, daß graue Wölfe eine hellere Farbe annehmen, wenn sie älter werden. Die genetischen Ursachen der Hautfärbung der Wölfe sind uns unbekannt. Da aber gelegentlich auch »schokoladenfarbige«, silberschwarze und sonstige mischfarbene Exemplare vorkommen, liegt der Schluß nahe, daß solche »Mischlinge« Kreuzungen von Wölfen unterschiedlicher Farbe sind. (Foto: Tom Brakefield)

entspannten Gesichtsausdruck und war äußerst freundlich zu seinen Wärtern und eventuellen Besuchern – solange sie nicht zu dicht an den Käfig herantraten, um es zu begrüßen. Geschah es aber, daß jemand dem Maschendrahtgitter zu nahe kam, schlug ihm der Wolf plötzlich die Zähne ins Fleisch – sogar durch das Gitter hindurch. Es ist schwer, sich so ein Verhalten zu erklären.

Im hohen Norden, wo ich fünf Sommer lang mit einem Rudel arktischer Wölfe im Höhlenbereich lebte, lernte ich jedes einzelne Tier persönlich kennen: »Mom« war scheu, furchtsam und nervös. Dauernd äugte sie mißtrauisch nach oben. Denn von oben, aus der Luft, kam die Bedrohung durch langschwänzige »Kampfflieger«, taubengroße Vögel mit langen Schwingen und spitzem Schwanz. Diese stießen in regelmäßigen Abständen im Sturzflug auf die Wölfe nieder, gleichsam um ihnen einzuschärfen: Laßt unsere Nester in Ruhe! Die scheue Mom reagierte anscheinend empfindlicher auf diese Angriffe als alle anderen Tiere des Rudels.

Auf der anderen Seite »Mid-Back«, auch ein weibliches Tier, selbstbewußt, kühn und nicht leicht aus der Fassung zu bringen. Vermutlich hat es Vorteile, wenn in einer Gruppe die unterschiedlichsten Charaktere vorkommen. Dadurch dürfte z. B. der Wettbewerb zwischen den Individuen reduziert werden. Außerdem trägt jedes Exemplar dann auf seine ganz individuelle Weise zur Nahrungsbeschaffung des ganzen Rudels bei. So fängt vielleicht ein furchtsamerer Wolf eher Hasen, Lemminge und junge Vögel, als daß er Moschusochsen jagt.

Ein überaus wichtiger Faktor, der die Persönlichkeit eines Wolfes entscheidend prägt, ist seine Position auf der sozialen Rangskala des Rudels. Davon wird später noch ausführlich die Rede sein. Hier mag die Feststellung genügen, daß ein Wolf, der sich an der Spitze der Rangordnung befindet, ein Alpha also, selbstbewußt, selbstsicher und unternehmungslustig ist. Am Fuß der Leiter ist es gerade umgekehrt. Wenn ein hohes Tier seine Position verliert, verliert es auch den Charakter, der mit dieser dominierenden Stellung verbunden ist. Und wenn ein untergeordnetes Tier zu höheren Rängen aufsteigt, nimmt es die entsprechenden Eigenschaften an.

Wölfe verfügen über scharfe Sinnesorgane und über eine vorzügliche Lernfähigkeit. Unter günstigen Bedingungen hört ein Wolf im Wald 10 km und in der offenen Tundra 15 km weit. Ich konnte einmal beobachten, daß Wölfe Witterung von einem Elch aufnahmen, der 2 km entfernt war, und sie scheinen mindestens so gut sehen zu können wie der Mensch. Die Lernfähigkeit der Wölfe ist ausnehmend gut entwickelt, besser als die der Hunde. Der Mensch vermag dem Hund Kunststücke beizubringen, indem er ihn mit Lekkerbissen lockt, oder er kann ihn dazu erziehen, aufs Wort zu gehorchen, wenn er ihn ruft. Hunde lassen sich leichter

Oft spricht man vom Kojoten als vom »kleinen Bruder des Wolfs«. Er ist tatsächlich höchstens halb so groß wie der Wolf, ernährt sich von viel kleineren Beutetieren, z. B. Kaninchen, Hasen, Mäusen, Eichhörnchen und Vögeln, und frißt auch Obst und Grünzeug. Kojoten leben eher paarweise als im Rudel, und ihr Nachwuchs trennt sich schon im ersten Herbst von den Eltern – anders als die jungen Wölfe, die noch ein bis vier Jahre beim Rudel verbleiben. Trotzdem sehen Kojoten wie kleine Wölfe aus und heißen deshalb in manchen Gegenden auch »Bürstenwölfe« (brush wolf). Sie können sich auch mit Wölfen kreuzen. In der Wildnis geschieht das allerdings nur selten. (Foto: Tom Brakefield)

Männliche und weibliche Wölfe unterscheiden sich vor allem der Größe nach. Wolfsrüden wiegen im allgemeinen 20 Prozent mehr als Wölfinnen. Das Gewicht eines Wolfs schwankt beträchtlich je nach Verbreitungsgebiet. So können z. B. Wölfe im Nahen Osten nur 15 Kilo wiegen, während es die großen Tiere in Kanada und Alaska oft auf 50 bis 60 Kilo bringen. In mittleren Breiten wiegen Weibchen um die 30 und Männchen um die 40 Kilo. (Foto: L. David Mech)

Nächste Seiten: Ob der Wolf auf offenem Gelände oder im Wald, auf dem Eis oder im Schnee seine Beute jagt – er kommt überall bestens zurecht. (Foto: Tom Brakefield)

dressieren als Wölfe. Ihre Art zu lernen beruht auf Assoziation. Doch verfügen Wölfe über ein breiteres Spektrum an Lernmethoden. Sie sind zu eigenständiger Problemlösung fähig und lernen durch Beobachtung. Dr. Harry Frank von der Michigan State University hielt Wölfe und Hunde als Haustiere und untersuchte, wie sie bestimmte Fähigkeiten erlernten. Er stellte fest, daß Wölfe, nur indem sie beobachteten, wie Menschen es machten, sehr schnell begriffen, wie man eine Tür durch Drehen des Knopfes öffnet. Die Hunde lernten es nie. Wölfe haben offenbar die Fähigkeit zu einsichtigem Verhalten, das heißt, sie können auch kompliziertere Zusammenhänge durchschauen. Wenn ein Wolf z. B. einmal erkannt hat, wie man aus einem Zwinger entkommt, ist es fast unmöglich, ihn dort gefangenzuhalten. Ein solcher Ausbruchskünstler, den ich kannte, lernte sogar, eine Falltür an seinem Käfig zu heben. Er sprang an die Decke des 2,5 m hohen Käfigs, wo sich eine 8 cm breite Öffnung befand. Durch sie gelangte er mit seinen Zähnen an das Türseil, das außen am Käfig verlief. So packte er das Seil und konnte damit die Tür am Boden seines Käfigs heben. Nachdem er das mehrere Male getan hatte, blieb sie oben, und der Wolf suchte das Weite.

Leittiere des Wolfsrudels sind das Alpha-Männchen und das Alpha-Weibchen, oft von den anderen durch die erhobene Schweifhaltung zu unterscheiden. Die beiden sind die Eltern der meisten übrigen Tiere des Rudels und können sich daher auf deren Anhänglichkeit verlassen. Sie helfen der Loyalität ihrer »Untergebenen« aber auch entsprechend nach, indem sie ihrem Nachwuchs schon von Geburt an immer wieder zeigen, wer der Herr im Hause ist. Bei kleineren Beutetieren z. B. kommen Jährlinge und andere untergeordnete Tiere des Rudels überhaupt nur zum Zuge, wenn sie sich dem Alpha-Tier ostentativ unterwerfen und um Futter betteln. Alpha-Tiere behaupten ihre Position unter Umständen bis zu acht Jahre lang. In Gefangenschaft können Wölfe bis zu 16 Jahre alt werden, in der Wildnis mindestens 13 Jahre. Aber die durchschnittliche Lebenserwartung eines Wolfs in freier Wildbahn beträgt höchstens 5 Jahre. (Foto: Rolf Peterson)

DAS RUDEL

Wenn das Rudel ein Beutetier reißt, führt das Alpha-Männchen als das erfahrenste Tier den Angriff und zeigt auch die größte Angriffslust. Rangniedere Tiere, die im allgemeinen jünger sind und weniger Erfahrung haben, folgen der Führung des Alpha-Tiers und ahmen dessen Verhalten nach. Dadurch lernen sie selbst, wie man Beutetiere am geschicktesten angreift. Auf diesem Bild z. B. hat das Rudel unter Führung der Alphas ein Moschuskalb gerissen. (Foto: L. David Mech)

Das Wolfsrudel ist im Kern eine Familie, bestehend aus einem Elternpaar und seinen Nachkommen. Es gibt zwar gelegentliche Ausnahmen von dieser Regel, z. B. ein Elternpaar plus ein enger Verwandter, aber solche Gemeinschaften sind selten und gewöhnlich auch befristet. Das Rudel lebt, jagt und zieht seine Jungen in einem bestimmten Revier auf, das es gegen andere Rudel und einzelne Wölfe verteidigt.

Der Grundstock zu einem typischen Rudel wird gelegt, wenn sich zwei einzelne Wölfe verschiedenen Geschlechts treffen, einander umwerben und Freundschaft schließen. Mir sind zwei Varianten dieses Themas begegnet. In den meisten Revieren sondern sich einzelne Wölfe von ihrem Rudel ab und finden ein vakantes, also zur Inbesitznahme freies Revier, wo sich ein männliches und ein weibliches Tier begegnen können. Doch im Nordwesten Minnesotas kam es auch vor, daß sich einige Singles zuerst Gefährten suchten und dann gemeinsam das Land durchzogen, bis sie ein freies Territorium fanden. Nach der Paarung der Wölfe vergrößert der alljährliche Wurf das Rudel. Manche Jungtiere sterben womöglich oder setzen sich schon in den ersten beiden Lebensjahren ab. Andere können bis zu vier Jahren bei den Eltern bleiben.

Ein durchschnittlicher Wurf umfaßt fünf bis sechs Junge. Daher kann ein Wolfsrudel innerhalb eines Jahres auf sieben bis acht Mitglieder anwachsen. Größere Rudel, z. B. in Nordkanada und Alaska, zählen an die 20 Exemplare. Sie entstehen, wenn älterer Nachwuchs sich aus irgendwelchen Gründen nicht vom Kern des Rudels trennt. Es gibt Anzeichen dafür, daß dies vor allem dann geschieht, wenn reichlich Nahrung zur Verfügung steht.

In solchen Zeiten des Überflusses kommt es auch vor, daß, anders als unter normalen Umständen, wo nur das ranghöchste Weibchen einen Wurf zur Welt bringt, ein zweites Weibchen im Rudel Junge wirft und sie neben den Jungen des Alpha-Paares aufzieht. Es ist zu vermuten, daß dieses Ausnahme-Tier eine Tochter des Alpha-Weibchens ist. Man

Die Ohren hoch aufgestellt, den Kopf geradeaus gerichtet, faßt der Wolf die Beute scharf ins Auge und läuft direkt auf sie zu. (Foto: Tom Brakefield)

In großen Wolfsrudeln bekommt oft das rangniedrigste Tier alle Aggressionen des übrigen Rudels zu spüren. Die Verhaltensforscher nennen ein solches Exemplar den »Omegawolf«. Er ist praktisch der Prügelknabe für alle und kann zum völligen Außenseiter werden. In dieser Szene von der Isle Royale bestraft das Alpha-Männchen ein untergeordnetes Tier, während das übrige Rudel zuschaut. Hier mag einer der Gründe liegen, weshalb sich gelegentlich Mitglieder des Rudels absondern und selbständig machen. (Foto: Rolf Peterson)

Nächste Seite: Die hierarchische Ordnung ist ein wesentlicher Bestandteil der sozialen Struktur im Wolfsrudel. Die Erwachsenen sind Herren über die Jungen, und wenn die Jungtiere heranwachsen, steht das Alpha-Männchen an der Spitze des männlichen, das Alpha-Weibchen an der Spitze des weiblichen Hierarchiestrangs. Die Leittiere behalten sich das Recht der Fortpflanzung vor und bestimmen die Futterverteilung im Rudel. Auf diesem Bild zeigt ein ranghoher Wolf einem unterlegenen Tier, wer der Stärkere ist. Solche Machtdemonstrationen gehören zum »Familienleben« der Wölfe. Mit dem Herannahen der Ranzzeit steigt die Häufigkeit dieses »Dominanzverhaltens«. Die Erwachsenen lassen bereits die Welpen regelmäßig ihre Macht spüren, wenn diese erst einige Wochen alt sind. Überlegenheitsrituale spielen sich meist unter Tieren des gleichen Geschlechts ab, mit einer wichtigen Ausnahme: Das Alpha-Männchen dominiert das Alpha-Weibchen. Das ist notwendig, damit das Paar kopulieren kann. (Foto: Layne Kennedy)

weiß noch nicht, ob sie dabei von ihrem Vater, einem Bruder oder einem nicht mit ihr verwandten Rüden, der trotzdem vom Rudel aufgenommen wurde, begattet wird. Doch in jedem Fall gehören auch diese Jungen zur Nachkommenschaft des großen Rudels.

Im allgemeinen erreichen Wolfsrudel im Spätherbst ihre größte Stückzahl. Zu diesem Zeitpunkt haben die Jungen fast die Größe von Erwachsenen und können weit im Land umherschweifen. Wenn die Erwachsenen auf die Jagd gehen, folgen ihnen die Jungen. Sie erkunden auf diese Weise als Novizen ihr Revier und lernen, wo Beute zu finden ist und wie man jagt. Im Winter sterben mitunter einige Wölfe, und andere verlassen das Rudel, so daß es bis zum Frühjahr immer mehr schrumpft. Aber sobald die neuen Jungen zur Welt kommen, wiederholt sich der Kreislauf, und die Gruppe wird wieder größer.

Prinzipiell gilt, daß Wolfsrudel um so kleiner bzw. größer sind, je kleiner bzw. größer die Beute ist. Die Minnesota-Wölfe, die vor allem Rotwild jagen, leben normalerweise in Rudeln mit fünf bis zehn Tieren, obwohl auch Rudel mit bis zu 17 Exemplaren vorkommen. Die Wölfe im Denali Nationalpark in Alaska, die hauptsächlich von Elchen leben, bilden Rudel mit zehn bis zwanzig, manchmal bis zu 29 Stück. Andererseits konzentrieren sich die größten dieser Alaska-Rudel zunehmend auf Dall-Schafe, die ebenso klein wie Rotwild sind, was bedeutet, daß das letzte Wort über die Faktoren, die den Umfang eines Wolfsrudels bestimmen, noch nicht gesprochen ist.

Das Wolfsrudel stellt eine Funktionseinheit dar. Der Kitt, der es zusammenhält, ist das Band der Sympathie, ähnlich dem Band der Zuneigung, das menschliche Familien zusammenhält. Das männliche und das weibliche Alpha-Tier sind einander zugetane Partner, und ihre Jungen bleiben bei der Gruppe, weil sie als Nachkommen ihre Eltern »lieben«. Außerdem bildet sich ja auch unter versippten Exemplaren eine Art Zuneigung heraus, was wohl ebenfalls zum Entstehen einer starken Großfamilie mit festem Zusammenhalt beiträgt. Dieses Sippenband wird immer fester, da die Tiere eines Wurfes von frühester Kindheit an ununterbrochen zusammen sind. Die Jungen schlafen und fressen gemeinsam, folgen einander auf ihren Streifzügen und balgen regelmäßig miteinander. Wenn sie älter werden, helfen sie bei der Versorgung des nächsten Wurfs so eifrig, als ob sie selbst die Eltern wären.

Die Ordnung im Rudel wird durch eine Ranghierarchie, eine soziale Leiter, aufrechterhalten. Es ist dies die Wolfsversion der wohlbekannten »Hackordnung«, bei der die Tiere an der Spitze, die Alphas, den anderen übergeordnet sind. Tiere mittleren Ranges werden von den Alphas dominiert, und sie dominieren ihrerseits die Exemplare in den niederen Positio-

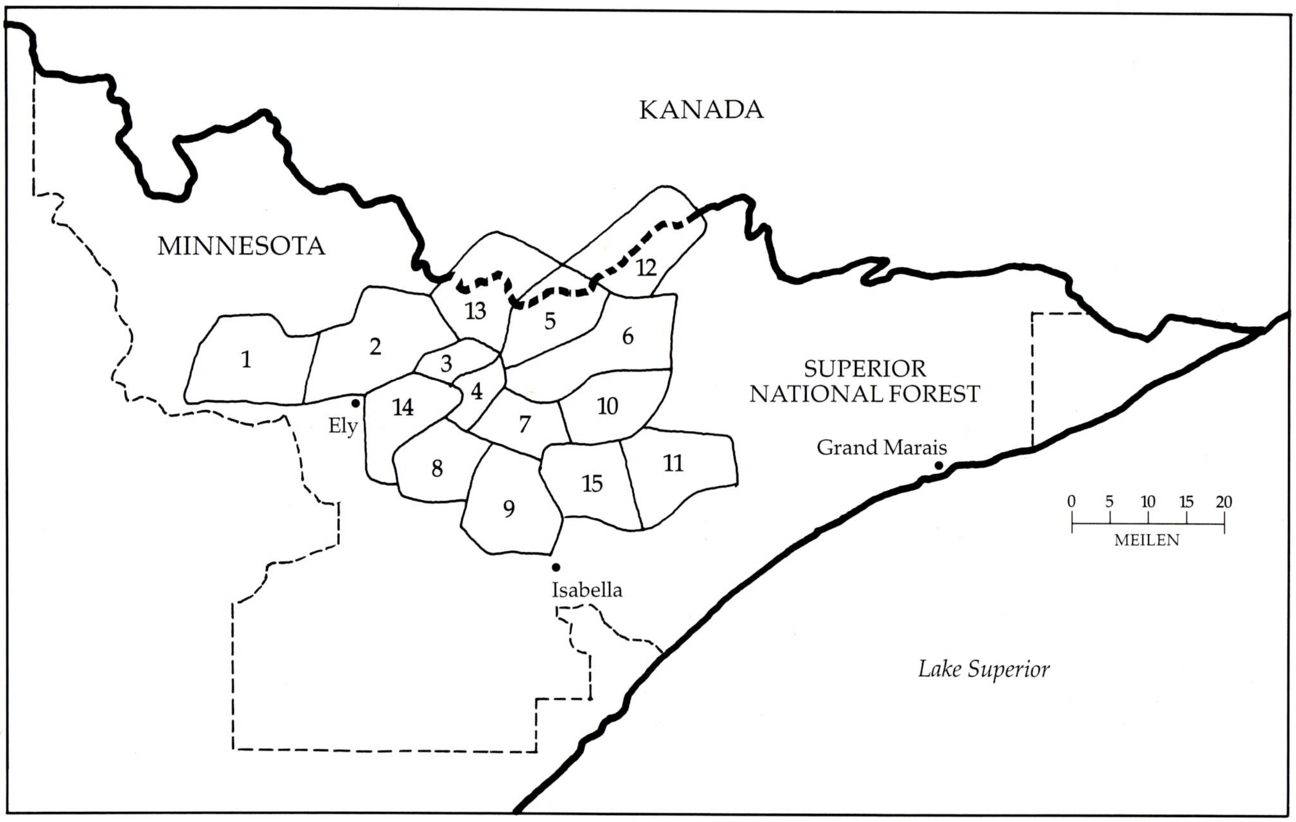
KANADA
MINNESOTA
1
2
3
4
5
6
7
8
9
10
11
12
13
14
15
Ely
SUPERIOR
NATIONAL FOREST
Grand Marais
Isabella
0 5 10 15 20
MEILEN
Lake Superior

nen. In größeren Rudeln kommen sogar »Sündenböcke« vor. Diese »Omegas« werden von allen anderen Tieren des Rudels schikaniert und können aus diesem Grund eines Tages das Rudel verlassen. Die Stellung eines Wolfes auf der sozialen Leiter des Rudels hängt stark von seinem Alter ab. Gewöhnlich sind Alphas die ältesten Tiere, danach kommen ihre ältesten Nachkommen, unter diesen schließlich die Jährlinge und neuen Jungen. Ausnahmen sind z. B. alte, frühere Vaterwölfe, die als rangniedrige Mitglieder im Rudel leben.

Wolfsrudel leben in Revieren von 45 bis 2500 qkm Fläche. Sie verteidigen diese Territorien gegen Rudel in der Nachbarschaft und die meisten fremden Wölfe, die das Land durchstreifen. Die Reviere liegen wie Zellen in einer Bienenwabe nebeneinander. Doch ihre Ränder überlappen sich, so daß Pufferzonen entstehen, in denen kein Rudel die Oberhand hat. Wenn Wölfe von Artgenossen getötet werden, so geschieht das meist in solchen Randzonen. Auf dieser Karte sind die Reviergrenzen eingezeichnet, wie sie durch Funkpeilungen vom Flugzeug aus festgestellt wurden. Sie umfassen die Gebiete von 15 im Superior National Forest einander benachbarten Rudeln. Auch außerhalb der eingezeichneten Linien leben Wolfsrudel, doch konnten sie nicht gründlich genug beobachtet werden, um in das Schema miteinbezogen zu werden.

Die Jungen im Rudel sind stets der Herrschaft der Erwachsenen unterworfen. Dieses Prinzip des Lebens im Wolfsrudel trägt dazu bei, daß die Gruppenordnung gewahrt bleibt und das Alpha-Paar seine Privilegien behält. Nach dem Reißen einer Beute z. B. bekommen die Alphas die besten und größten Stücke. Wenn Futter knapp ist, haben die Alphas das erste Anrecht darauf. Aber sie teilen es mit den Jungen. Durch ein Wolfsrudel laufen zwei Hierarchiestränge, ein männlicher und ein weiblicher, und in der Paarungszeit versucht jedes Alpha-Tier, seine Nachkommen gleichen Geschlechts an der Paarung zu hindern. Dadurch wird das Vermehrungsrecht der Wölfe mit höherem Rang sichergestellt.

Diese Hierarchie erklärt vieles im Gruppenverhalten der Wölfe. Wenn ein überlegener Wolf sich einem unterlegenen nähert, hebt er den Schwanz, stellt die Ohren auf, sträubt die Mähne, bleckt vielleicht auch die Zähne und knurrt. Physisch und psychisch wirft er sich also in Positur. Der Unterlegene dagegen zieht den Schwanz ein, legt die Ohren an, duckt sich und winselt.

Wer ist nun wirklich der Führer des Rudels? Diese Frage ist noch immer ungeklärt, vielleicht weil der Begriff Führerschaft auf menschliche Verhältnisse zugeschnitten ist. Wir glauben, daß jede Organisation oder Regierung einen einzigen Führer braucht. Doch im Wolfsrudel jagen beide Alpha-Tiere, beide sorgen für die Jungen, und beide halten die Nachkommen in Schach. Zusammen nehmen sie am Beutetier ihre Mahlzeit ein, sogar wenn sie untergeordnete Tiere davon ausschließen. Beide sind auch verantwortlich für die Bekämpfung fremder Wolfseindringlinge, wobei sie vermutlich jeweils die Tiere ihres eigenen Geschlechts stellen.

Einstweilen sieht es so aus, als ob das Alpha-Männchen, jedenfalls im allgemeinen, dem Rudel vorausläuft und auf der Wanderschaft die Route bestimmt. Doch schließt das Weibchen dabei dicht auf. Vor und während der Paarungszeit aber setzt sich das Weibchen oft an die Spitze, und das Männchen folgt ihm auf den Fersen.

Die Größe eines Wolfsrudels variiert beträchtlich. Im Höchstfall kann es etwa 30 Mitglieder haben. Die meisten Rudel freilich sind wesentlich kleiner, bestehen vor allem aus dem Alpha-Paar, seinem letzten Wurf und dem Nachwuchs aus einigen früheren Würfen, insgesamt also sechs bis zehn Tieren. Die größten Rudel enthalten gewöhnlich Nachkommen von mehr als einem Weibchen. (Foto: Thomas Meier)

Einen großen Teil des Jahres – fast den ganzen Herbst, im Winter und zu Beginn des Frühlings – durchstreifen die Tiere des Wolfsrudels wie Nomaden ihr Territorium, um zu jagen und die Grenzen des Reviers zu verteidigen. Aber mitten im

Frühjahr ändert sich mit der Geburt der Jungen das Gemeinschaftsleben grundlegend: Die Jungen stehen nun im Mittelpunkt des Geschehens. Wenn ein Wolf im Winter am Leben des Rudels teilnehmen will, muß er mit den anderen durchs Land ziehen. Im Sommer dagegen spielt sich das Leben der Wölfe im Umkreis der Höhle ab. Ein Wolf braucht sich dann nur bei der Höhle aufzuhalten, um sicher zu sein, daß er Kontakt mit den Jungen und seinen Gefährten aus dem Rudel bekommt. Im allgemeinen kehren alle Erwachsenen mindestens einmal pro Tag oder alle zwei Tage zur Höhle zurück. Kommen freilich in einem Rudel einmal keine Jungen zur Welt, streift das Rudel das ganze Jahr über im Land umher.

Im Sommer jagen Wölfe öfter allein als im Rudel. Erstens finden sie in dieser Jahreszeit immer Rudelgefährten, wenn sie den Wunsch danach haben. Sie brauchen nur zur Höhle zurückzukehren. Zweitens gibt es im Sommer frische Beute, kleine und leicht zu fangende Tiere. Die Jagd wird also effizienter, wenn jeder Wolf in einem eigenen Gebiet jagt. Daher ist auch das Territorium, auf das sich ein Rudel in solchen Zeiten verteilt, weit größer, als wenn es zusammen jagt. Im hohen Norden verbrachten die vier erwachsenen Mitglieder des Rudels, das ich im Sommer 1988 beobachtete, 80 Prozent ihrer gesamten Zeit auf einsamen Streifzügen weit von der Höhle entfernt.

Ein Wolfsrudel ist im Prinzip eine Familie. Sie bleibt solange zusammen, bis der Nachwuchs gelernt hat, wie man sich selbst versorgt. In dieser Hinsicht ist das Rudel wie eine Schule, in der die jungen Wölfe lernen müssen.

Mutter und Vater Wolf, das Alpha-Paar, das das Rudel leitet, bestimmen fast alles, was die Familie unternimmt: Wohin geht die Reise, wann beginnt die Jagd, welche Beute wird angegriffen, und wann wird die Jagd abgeblasen? Das übrige Rudel besteht normalerweise ganz aus jüngeren Nachkommen des Alpha-Paares. Diese haben daher weniger Erfahrung und weniger Selbstsicherheit. Sie sind sozusagen noch Auszubildende und lernen zu jagen, indem sie das Alpha-Paar und den älteren Nachwuchs nachahmen. Ich sah einmal, wie ein Alpha-Männchen und ein älteres Weibchen ein Moschuskalb an Ohren und Nase ansprangen. Die jüngeren Wölfe taten es ihnen sofort nach und verbissen sich ebenfalls in diesen Körperteilen. Wie eine Traube hingen sie über den beiden Eltern.

Das Leben der Wölfe zeichnet sich immer durch Organisation und Zusammenhalt aus. Dadurch werden die Tiere zum Rudel im Rudel, und dieses Prinzip macht sich auch beim Wandern bemerkbar, das so charakteristisch für Wölfe ist und einen Hauptbestandteil ihres Lebens ausmacht. Das Rudel trabt dabei meist im Gänsemarsch, mit den Eltern an der Spitze und den Nachkommen in einer Linie hinter ihnen. Im Winter bietet diese Art des Wanderns offensichtlich Vorteile.

Ein Wolfsjunges bettelt bei einem Tier niederen Ranges um Nahrung. Rangniedere Wölfe sind normalerweise junge Tiere, doch finden sich auch frühere Alphas darunter, die ihre Stellung verloren haben. Wenn untergeordnete Exemplare bei ihrem Rudel bleiben, spielen sie dort eine große und wichtige Rolle bei der Versorgung und Ernährung der Jungen. Ein unerfahrener Beobachter würde rangniedrige Tiere nach ihrem Verhalten nicht von den eigentlichen Eltern unterscheiden können. Manchmal führt die Pflege durch diese untergeordneten »Helfer« sogar dazu, daß mehr Junge am Leben bleiben als üblich. (Foto: L. David Mech)

Die Beine des Wolfs sind lang und muskulös. Sie tragen ihn kilometerweit, ob er nun eine Beute verfolgt oder nur mit seinem Rudel wandert. Oft legen Wölfe 15 bis 35 km am Tag zurück. Sie traben über Land, machen gelegentlich Jagd auf Beute und nehmen dann ihren Weg wieder auf. (Foto: Tom Brakefield)

Im Verfolgungsspiel rennen zwei Tiere eines Rudels hintereinander her und verausgaben sich dabei, als ob sie hinter einer Beute her wären. Mit mächtigen Sprüngen hetzen sie einander. (Foto: Tom Brakefield)

Denn die stärkeren Erwachsenen an der Spitze des Zuges bahnen den Weg durch den Schnee, und die Jüngeren und Schwächeren brauchen nur ihren Fußstapfen zu folgen. Aber auch wenn Wölfe im Sommer gemeinsam wandern, tun sie das normalerweise einer hinter dem andern, die Eltern voraus. Natürlich folgen die jüngeren Tiere dem Rudel nicht immer. Besonders im Sommer, wenn die Welpen den Mittelpunkt des Rudels bilden, machen sich die Jährlinge und zweijährigen Tiere selbständig und gehen allein auf Wanderschaft. Sie demonstrieren wie Teenager ihre Unabhängigkeit. Auch fangen sie damit an, sich »ihren eigenen Lebensunterhalt zu verdienen«, und jagen kleine Beutetiere, z. B. Hasen. Trotzdem kommen sie regelmäßig zum Höhlenbereich zurück und liefern sogar oft ihre Beute bei den neuen Jungen ab.

Die Lehrzeit der jungen Wölfe beinhaltet auch die Betreuung der Welpen im Umkreis der Höhle. Ein Beobachter, der die einzelnen Tiere des Rudels nicht kennt, wäre nicht imstande zu sagen, wer die Eltern sind. Die Jährlinge, Zweijährigen und eventuell doch noch gebliebene ältere Tiere füttern die Jungen, spielen mit ihnen und passen auf sie auf, genau wie die Eltern. Ja es sieht ganz danach aus, als ob die meisten erwachsenen Tiere sich darum streiten würden, wer das Sorgerecht für die Jungen hat.

Die jungen Tiere des Rudels bringen laufend Futter zur Höhle. Damit füttern sie aber nicht nur die Welpen, sondern auch das Alpha-Weibchen. Das ist also nicht nur Aufgabe des Alpha-Männchens. Während der ersten drei Wochen nach der Geburt bleibt die Mutter fast ununterbrochen bei den Neugeborenen, um sie warmzuhalten und zu säugen. Wenn ein Wolf mit Futter ankommt, schnappt sich das Alpha-Weibchen entweder ein Stück von ihm oder erbettelt es sich. Während dieser kritischen Periode kann die Hilfe, die andere Rudeltiere gewähren, für das Alpha-Weibchen und seine Jungen lebenswichtig sein.

Aber es gibt auch Varianten in Organisation und Zusammensetzung von Wolfsrudeln. Wir menschlichen Beobachter glauben bestimmte Typen der Organisation erkannt zu haben. Aber diese Typen sind nicht starr. Gelegentlich kommt es beispielsweise vor, daß ein Rudel ein fremdes Tier aufnimmt. In der Regel geschieht dies freilich nur dann, wenn ein Alpha-Tier umkommt und das andere Alpha-Tier einen neuen Partner braucht. Doch gibt es Ausnahmen von dieser Regel. In den wenigen Fällen dieser Art, die bekannt wurden, blieb allerdings die Herkunft des Neuankömmlings im dunkeln. Es könnte ein früheres Rudelmitglied gewesen sein, das zurückkehrte, oder auch ein fremdes Tier.

Im Denali Nationalpark beobachteten meine Assistenten, wie ein Wolfsrudel einen einsamen Rüden, der in einem Rudel zwei Territorien weiter geboren worden war, sozusagen adoptierte. Keines der beiden Alpha-Tiere, die ihn aufnah-

men, konnte ein Verwandter dieses Wolfes sein. Wir kannten die Geschichte aller Beteiligten genau. So erneuerte dieser einsame Wolfsrüde nicht einfach ein soziales und familiäres Band, das schon früher bestanden haben mochte, und ich weiß auch jetzt noch nicht, warum ihn das Rudel akzeptierte.

Bei einer anderen Gelegenheit verließ ein Weibchen mit einem Sender am Hals, das meine Kollegen und ich in Minnesota studierten, sein Rudel und schloß sich einem benachbarten Rudel an, um mindestens zwei Jahre dort zu bleiben. Vielleicht werden solche Tiere schließlich zu Partnern rangniederer Rudelmitglieder. Wenn ja, so könnte das auch erklären, wie die Spaltung eines Wolfsrudels zustandekommt.

Das Rudel vom Malbergsee, das ich von 1978 bis 1985 im Superior National Forest in Minnesota erforschte, teilte sich im Frühling 1984. Vier Mitglieder, eingeschlossen ein mit Sender versehenes Männchen, begaben sich auf ein angrenzendes Territorium und lebten dort bis mindestens 1986. Die übrigen sechs Mitglieder des Rudels blieben im alten Revier.

Eine der seltsamsten Abweichungen von der gewöhnlichen Rudelorganisation, die mir jemals untergekommen ist, ereignete sich 1989 bei meinem Rudel im hohen Norden. Das Alpha-Männchen, ein zweijähriges Männchen und vier Jährlinge wanderten gemeinsam und kamen nur selten zur Höhle, um der dort säugenden Wölfin Besuche abzustatten. Das blieb so mehrere Wochen lang. Und was noch merkwürdiger ist: Ein anderes Weibchen, höchstwahrscheinlich ein zweijähriges Tier, das wir schon früher beobachtet hatten, stand auf höherer Rangstufe als die säugende Wölfin und hob beim Urinieren das Bein: ein sicheres Indiz dafür, daß es den höchsten Rang einnahm. Während zweier Wochen, die wir die Höhle beobachteten, sahen meine Assistenten und ich das Alpha-Männchen kein einziges Mal. In den übrigen vier Jahren, die wir das Rudel beobachteten, besuchte der Alpha-Wolf die Höhle normalerweise täglich und blieb niemals länger als 58 Stunden aus.

Es gibt also anscheinend noch viel über die Einzelheiten des Lebens im Wolfsrudel und seine soziale Struktur zu lernen.

So schnell, wie sie eine Jagd begonnen haben, können Wölfe aus vollem Lauf urplötzlich abbremsen. Dabei stemmen sie ihre Beine in den Boden und ändern blitzartig die Richtung. (Foto: Tom Brakefield)

Wolfskrankheiten

Wölfe können von denselben Krankheiten und Parasiten wie Hunde befallen werden. Wenn ein Wolf aber durch Hunger oder Wunden, die ihm ein Beutetier geschlagen hat, geschwächt ist, können ihm parasitierende Würmer, Läuse oder Krankheiten leicht den Rest geben. Besonders schlimme Folgen für den Wolf haben Krankheiten, die erst in neuester Zeit in den USA aufgetreten sind, z. B. der Parvovirus canis, die Lymesche Krankheit und der Herzwurm (Dirofilaria immitis).

Der Parvovirus wurde erstmals etwa 1977 bei Hunden festgestellt. Er breitete sich schnell auch in der Wolfspopulation aus. »Parvo« ist tödlich für Hunde- und Wolfswelpen. Gefährdet sind Wölfe, die irgendwo in der Nähe von Hunden leben. Aber bis jetzt sind seine Auswirkungen auf Wolfspopulationen noch unbekannt. Vorläufig scheint es, als ob große Wolfspopulationen Resistenz gegen diese Krankheit entwikkeln könnten. Kleine, abgesonderte Populationen dagegen dürften stärker betroffen sein.

Die Lymesche Krankheit, eine Krankheit des Menschen, die von bestimmten Zecken übertragen wird, infiziert auch Hunde und Wölfe, mit unter Umständen verheerenden Folgen.

Der Herzwurm ist eine Krankheit, die wahrscheinlich von Hunden aus dem Süden eingeschleppt wurde, die an Feldforschungen im Norden teilnahmen. Hunde und Wölfe sind die Wirtstiere des Wurms, der winzige Mikrofilarien ins Blut entläßt. Moskitos übertragen sie von infizierten Tieren auf gesunde, und diese mikroskopisch kleinen Würmer nisten sich dann im Herzen oder größeren Blutgefäßen ein, wo sie heranwachsen. Mehrere erwachsene Exemplare können den Blutstrom zu den Lungen einschränken und dadurch die Fähigkeit des Wolfs, große Entfernungen mit hoher Geschwindigkeit zurückzulegen, untergraben. Je älter dann der Wolf wird, desto größer die Menge der Parasiten und desto geringer seine Ausdauer. Wandern und Jagen wird immer schwieriger.

Viele Beutetiere des Wolfs lieben die Nähe von Biberteichen, Sümpfen, Mooren, Seen und Flüssen. Auch der Wolf läßt sich daher gern in solchen Gegenden sehen und fühlt sich im Wasser fast ebenso wohl wie auf dem Land. Seine langen Läufe erlauben es ihm mitunter, Beutetiere vom tieferen Wasser abzuschneiden und so am Entkommen zu hindern. (Foto: Tom Brakefield)

VERSTÄNDIGUNG

Das Geheul erfüllt mehrere Funktionen im Leben der Wölfe: Wenn die Tiere weit verstreut sind, hält es die Verbindung im Rudel aufrecht. Anderen Rudeln signalisiert es dessen Anwesenheit und dient so der Verteidigung des Reviers. Und schließlich trägt es zur Festigung der sozialen Bindungen im Rudel bei. (Foto: L. David Mech)

Wie bei einem sozialen Wesen nicht anders zu erwarten, steht dem Wolf ein reiches »Vokabular« zur Verständigung mit seinesgleichen zur Verfügung. Wenigstens drei gesonderte Systeme lassen sich unterscheiden: optische Signale, akustische Signale und Geruchsmarkierungen. Jedes System hat seine eigenen Funktionen, so daß sie sich im allgemeinen gut ergänzen.

Die visuellen Signale des Wolfs bestehen meist aus Körpersprache. Der Ausdruck des »Glücks« bei Wolf und Hund ist durch ein offenes Maul mit lose heraushängender Zunge und nach vorne gerichteten Ohren charakterisiert.

Bei der Drohgebärde zieht das Tier seine Nase in Falten, öffnet das Maul, fletscht die Zähne, schiebt die Lippen vor und stellt die Ohren auf. Normalerweise werden diese Gesten von einem Knurren oder Grollen begleitet. Der Adressat der Drohung zeigt, falls er Angst bekommt, einen völlig anderen Ausdruck. Er hält das Maul geschlossen und zieht die Lippen zurück, legt die Ohren an und winselt leise. Eine der effektvollsten Gebärden eines Alpha-Wolfs ist sein »starrer Blick«, sein drohendes Fixieren. Oft braucht ein Alpha-Wolf einen untergeordneten Wolf nur scharf ins Auge zu fassen, und schon duckt sich das arme Tier ängstlich, kriecht zur Seite und schleicht hastig davon.

Auch bestimmte Schwanz- und Körperstellungen gehören zur visuellen Kommunikation eines Wolfes. So knurrt ein drohender Wolf nicht nur und fletscht die Zähne, sondern er sträubt auch die Nackenhaare und stellt den Schwanz hoch, ja er vergrößert sogar sein Körpervolumen. Umgekehrt zieht der eingeschüchterte Wolf die Lippen in einem »entschuldigenden Grinsen« zurück, duckt sich tief, zieht den Schwanz ein und wälzt sich vielleicht sogar auf den Rücken oder zur Seite: Er macht sich kleiner.

Diese Demonstrationen der Überlegenheit und Unterlegenheit sind wichtig für die Aufrechterhaltung der sozialen Ordnung im Wolfsrudel. Die Alpha-Wölfe pflegen viele Male am Tag den untergeordneten Tieren ihre Macht zu zeigen. Sie

tun dies durch scharfe Blicke oder drohende Gebärden. Manchmal stoßen sie die Unterlegenen mit ihrer Schnauze zu Boden. Wenn die Jungen noch klein sind, werfen die Alphas sie mit Maul oder Pfoten nieder und halten sie sekundenlang in dieser Stellung. Das macht den Jungen unmißverständlich klar, wer der Herr im Hause ist.

Eine andere Unterwerfungsgeste von Wölfen niederen Ranges ist ihr Betteln um Futter: Der unterlegene Wolf sieht einen Alpha mit Futter. Irgendwann lernt er, wie er selbst ein Stück davon ergattern kann. Die beste Möglichkeit ist, es dem anderen abzuschmeicheln. Wie ein Welpe tätschelt das untergeordnete Tier dem Alpha-Tier mit den Pfoten die Schnauze, legt die Ohren zurück, hält seine eigene Schnauze mit geschlossenem Maul und zurückgezogenen Lippen nach oben und winselt vielleicht noch dazu. Die Antwort des Alpha-Tiers ist, den anderen mit einem Stoß seiner Schnauze zu Boden zu werfen. Aber dann und wann gelingt es dem unterlegenen Tier, sich ein Stück Futter vom Alpha-Tier zu schnappen, es in Sicherheit zu bringen und in Ruhe zu verzehren.

Von allen akustischen Signalen, die Wölfe zur Verständigung benutzen, ist das Geheul das bekannteste. Legenden und wahre Geschichten sind darüber in Umlauf. Wölfe winseln allerdings auch, knurren, bellen und kreischen. Jeder hat schon davon gehört, daß sie den Mond anheulen. In Wirklichkeit hat der Mond nichts damit zu tun. Doch heulen Wölfe tatsächlich ausgiebig und gerne, und zwar aus mehreren Gründen. Eine Funktion des Wolfsgeheuls ist es, die einzelnen Tiere des Rudels wieder zusammenzuholen, wenn sie sich beim Jagen der Beute über ein weites Gebiet verteilt oder im Wald den Blickkontakt verloren haben.

Zweitens heulen Wölfe im Chor, wenn sie das Geheul eines anderen Rudels hören. Untersuchungen von Fred Harrington und mir im Superior National Forest legen den Schluß nahe, daß die Rudel offenbar öfters als sonst akustische Signale geben, wenn sie etwas zu verteidigen haben – eine frische Beute oder ihre Wurfhöhle. Das brachte uns zu der Überzeugung, daß dieses Heulen im Chor dieselbe Funktion hat wie das Singen der Vögel. Es ist eine Warnung an eventuelle Eindringlinge: Bleibt mir vom Leibe, sonst bekommt ihr es mit mir zu tun!

Der Gesichtsausdruck eines Wolfs ist ein wichtiges Kommunikationssignal für seine Gefährten. Steif nach vorne gestellte Ohren, scharf fixierender Blick und gefletschte Zähne sind Drohgebärden, während angelegte Ohren, zurückgezogene Lefzen und eine heraushängende oder leckende Zunge Unterwerfungsgesten darstellen. Wölfe können auch »freundliche« Mienen aufsetzen, z. B. wenn sie miteinander oder mit ihren Jungen spielen. (Foto: Rick McIntyre)

Als dritte Funktion scheint das Wolfsgeheul einfach dem Gemeinschaftsgefühl Ausdruck zu geben. Wenn die Wölfe morgens aufgewacht sind, strecken sie sich, urinieren und koten, beschnüffeln einander, werden immer aufgeregter – und brechen schließlich in ein Gruppengeheul aus. Aber im Gegensatz zu anderen Gelegenheiten wird das Geheul unter diesen Umständen oft noch von bestimmten Ritualgebärden begleitet, z. B. von Überlegenheitsgesten, wobei es nicht ohne viel Geknurr und Gewinsel abgeht. Und dann bricht plötzlich das Chaos aus: Die Tiere rennen wild umher, jagen einander im Spiel und lärmen und bellen. Das Ganze dauert mehrere Minuten.

Entsprechende Beobachtungen haben mich zu der Auffassung gebracht, daß diese Art Geheul nur der allgemeinen Erregung der Wölfe Ausdruck verleiht. Es könnte auch sein, daß jeder einzelne Wolf den anderen mit seinem Geheul demonstriert, daß auch er Teil des Ganzen ist und nicht fehlen will, wenn alle anderen Tiere Gemeinschaftsleben praktizieren. Lois Crisler beschrieb diese Gemeinsamkeit in ihrem Buch »Arctic Wild«: »Wie ein Gemeinschaftssingen ist das Wolfsgeheul ... Ausdruck des Wohlbefindens der Tiere in der Gemeinschaft. Wölfe heulen gerne. Sobald sie damit beginnen, suchen sie sich gegenseitig zu berühren und drängen sich aneinander, Fell an Fell. Manche Wölfe ... kommen dann eilig von weit her herbeigesprungen, keuchend und mit leuchtenden Augen, um sich dem Fest anzuschließen. Beim Näherkommen stoßen sie ein aufgeregtes kleines Gebell aus, das Maul steht ihnen weit offen, und sie können es kaum erwarten, endlich mitzusingen.«

Das Gruppengeheul kann freilich auch ein Alarmzeichen sein, das die Annäherung eines Eindringlings anzeigt. Wenn ich etwa für längere Zeit »mein« Arktisrudel verlassen hatte und dann wieder mein Lager in dessen Revier aufschlug, näherten sich die Wölfe meinem Zelt bis auf 30 Meter, blieben dort stehen und heulten. Hatten sie sich dann wieder an meine Anwesenheit gewöhnt, kamen sie zwar noch auf Besuch, heulten aber in der Regel nicht mehr.

Ein weiteres wichtiges System der Verständigung der Wölfe untereinander ist die Duftmarkierung. Offensichtlich urinieren Wölfe überall auf ihrem Territorium und setzen Kothäufchen, um ihr Revier demonstrativ in Besitz zu nehmen und ihre Ansprüche Rudeln in der Nachbarschaft und einzelnen Wölfen kenntlich zu machen. Natürlich urinieren alle Wölfe und entleeren den Darm, so daß sie dadurch automatisch Markierungen setzen. Es kommt dabei aber auf die nach der Rangordnung korrekte Haltung an. Normalerweise hocken die Weibchen beim Urinieren, die Männchen stehen auf allen vier Beinen. Nur Alpha-Tiere, besonders das Alpha-Männchen (gelegentlich auch Alpha-Weibchen) heben dabei das Bein und spritzen den Urin an auffällige Duft-

Wenn Futter knapp ist – und das ist die Regel –, müssen rangniedrige Wölfe mehr Hunger leiden als die Alphas. Dauernd betteln und wedeln sie mit dem Schwanz, um von diesen Futter zu bekommen. Aber erst nach demütigsten Unterwerfungsgesten haben sie vielleicht Erfolg: Sie kriechen, winseln, ducken sich – manchmal drücken sie sogar ihren Kopf vor der Schnauze eines Alphas in den Staub –, um dem Tier, das die Nahrung im Maul trägt, so nahe wie möglich zu kommen. Dann reißen sie sich plötzlich einen Happen Fleisch ab oder schnappen sich ein ganzes Stück und jagen damit davon. (Foto: Rick McIntyre)

Nächste Seite: Chorgeheul, in das das ganze Rudel einschließlich der Jungen einstimmt, zeigt gewöhnlich einen erhöhten Erregungszustand an. Wölfe heulen im Chor nach dem Aufwachen, nach dem Beginn eines Verfolgungsspiels oder wenn sie aus irgendeinem Grund in Verwirrung geraten. (Foto: Karen Hollett)

marken über ebener Erde, z. B. an Baumstümpfe, Stöcke, Felsen, Eisblöcke und Schneepolster. Vermutlich geschieht das, um die Signalwirkung zu steigern.

Wölfe heben das Bein am häufigsten an wichtigen Wechseln auf ihrem Territorium, so daß sich an Stellen, wo Fährten einander kreuzen, besonders viele Duftmarken befinden. So gibt es am Rand der Rudelreviere doppelt so viele Duftmarken als im Innern. Im Durchschnitt urinieren Wölfe mit gehobenem Bein entlang ihren Wechseln im Winter etwa alle 300 Meter, und nach unseren Feststellungen werden solche Marken im Winter bis zu zwei Wochen lang registriert.

Als Selbstbehauptungsgeste und zur Demonstration von Rang und Sexualstatus markieren Alpha-Wölfe ihr Revier mit Urin. Sie tun das in der Regel mit erhobenem Bein (»Spritzharnen«), wodurch der Urin an erhöhte Gegenstände gelangt, also deutlicher hervortritt und leichter zu entdecken ist. Sowohl Alpha-Männchen als auch Alpha-Weibchen urinieren auf diese Weise. In der Ranzzeit tun sie es häufiger als sonst. Und Männchen spritzharnen häufiger als Weibchen. (Foto: L. David Mech)

Wenn die Paarungszeit näherrückt, steigern die Wölfe ihre Aktivität bei der Duftmarkierung, und besonders die Alpha-Weibchen markieren dann anscheinend weit häufiger als sonst. Daraus läßt sich eine zweite Funktion der Duftmarkierung ableiten: Werbung und Vorbereitung zur Paarung.

Die Duftmarken der Wölfe haben noch eine andere Funktion: Die Tiere markieren damit leere Futterverstecke. Wenn der Wolf das Futter aus dem Versteck gezogen hat, uriniert er dort. Vermutlich will er damit anderen Wölfen signalisieren, daß sie dort nicht mehr zu suchen brauchen. Eine ähnliche Funktion, die ich aber noch nicht verstehe, hat offenbar das Urinieren z. B. eines Alpha-Wolfs auf eine Beute, die er nicht selbst gerissen hat. Ich habe beobachtet, wie gefangene Wölfe auf Tierleichen oder Futterstücke, die man ihnen vorwarf, urinierten und wilde Wölfe auf Nahrung, die sie gefunden hatten, aber nicht selbst fressen wollten, z. B. die Eingeweide eines Hasen.

Neben dem Spritzharnen dient zweifellos auch der Kot der Wölfe als Duftmarke. Wölfe besitzen raffinierte, direkt im Anus gelegene Duftdrüsen. Wenn eine Darmentleerung erfolgt, benetzen die Drüsensekrete den Darminhalt und gelangen mit nach draußen. Also weist mit großer Wahrscheinlichkeit jedes Kothäufchen die ganz besondere Duftnote der Drüsen eines Wolfs auf.

Auf diese Weise wird durch Urinierung und Darmentleerung das Revier eines Wolfsrudels mit Geruchsmarken präpariert. Jeder Wolf des Rudels weiß, wann er sich noch auf seinem Territorium befindet und wann er es verläßt. Und jeder Fremde kann erkennen, wann er den Fuß auf fremdes Territorium setzt.

Ein Wolfsrudel auf der Isle Royale reagiert auf die Duftmarkierung eines benachbarten Rudels. Man sieht, daß mehrere Wölfe, nachdem sie die Duftmarke beschnuppert haben, bereits umgekehrt sind und sich entfernen. Je nach Witterung können Duftmarken wochenlang ihre Wirkung behalten. (Foto: Rolf Peterson)

Duftmarkierungen ergänzen sehr gut das Wolfsgeheul, wenn es gilt, die Reviergrenzen abzustecken. Denn sie erzählen, wo das Rudel durchgezogen ist oder sich länger aufgehalten hat, während das Geheul erkennen läßt, wo sich das Rudel im Augenblick befindet. Aber das Geheul hat keine dauernde Wirkung. Mit diesen beiden Zeichen, denen gegebenenfalls ein kompromißloser Angriff folgt, stellen Wölfe in ihrem Revier sicher, daß sie ein fest umrissenes Gebiet bewohnen und bejagen können.

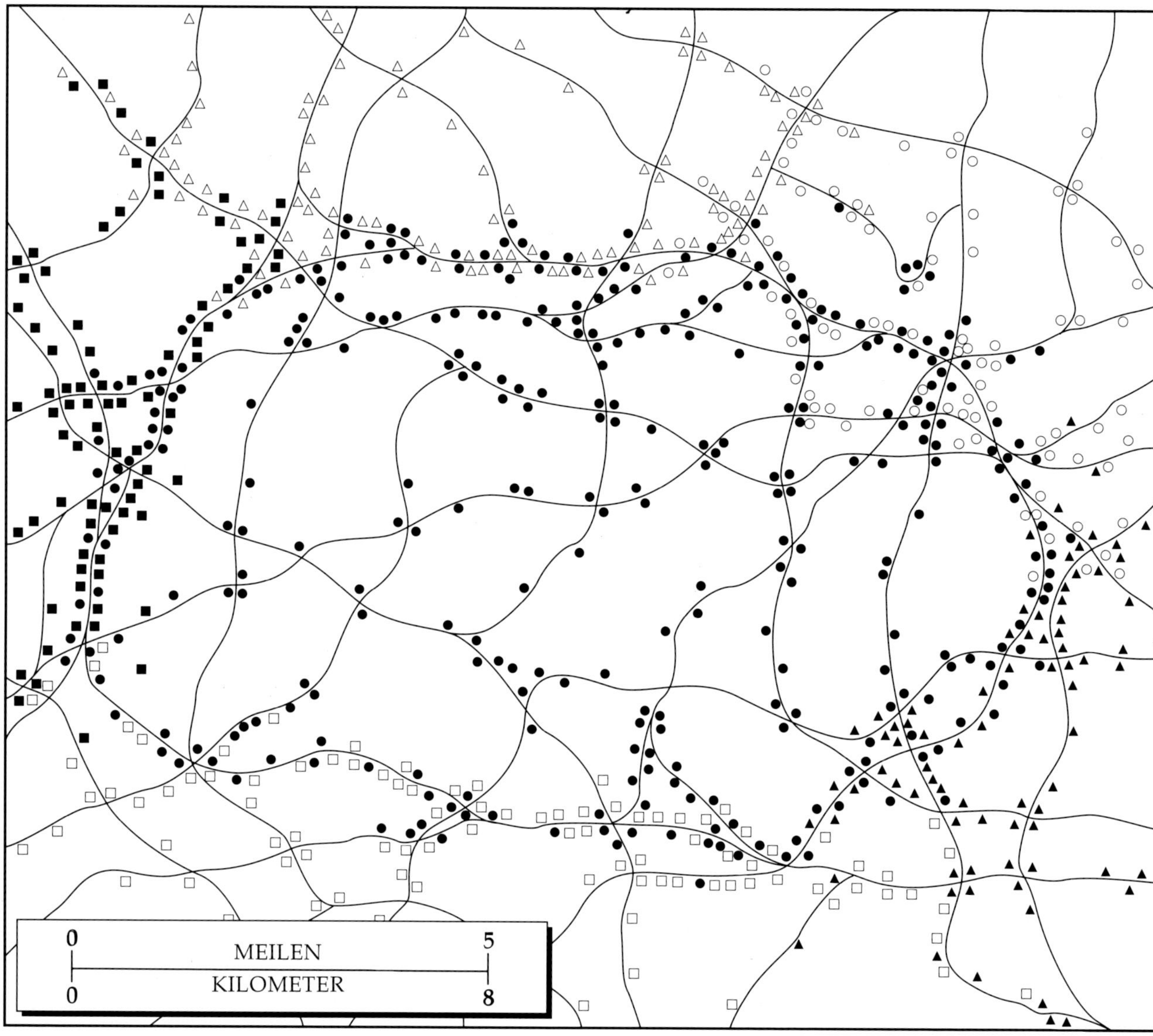

Diese Karte zeigt eine hypothetische Verteilung von Duftmarken im Revier eines Wolfsrudels und gibt die relative Häufigkeit der Marken an. Das Territorium eines Wolfsrudels (Mitte) ist normalerweise von mehreren anderen Territorien umgeben. Ein Netz von Fährten durchzieht das Ganze. Die Wölfe setzen Duftmarken eher an schon bestehenden Wechseln, weniger wenn sie das erste Mal eine Spur ziehen. Auch markieren sie das Gelände am Rand des Reviers zweimal so oft wie in der Mitte und am meisten an den Fährtenkreuzungen. Denn dort bestehen die größten Chancen, daß die Marken bemerkt werden. Auf der Karte stellt jedes Zeichen eine Duftmarke dar. Die unterschiedlichen Symbole beziehen sich auf verschiedene Rudel.

Eine doppelte Urinmarkierung im Schnee gehört zum Paarungsritual des Alpha-Paares. Wenn die Paarungszeit näherrückt, steigt die Zahl dieser Doppelmarkierungen. Neue Paare bringen mehr Doppelmarkierungen an als alte. Wahrscheinlich zeigen chemische Stoffe im Urin dem Partner an, wie groß die Bereitschaft des andern zur Kopulation ist. Doppelmarkierungen dürften auch andere Tiere des Rudels und fremde, das Revier passierende Wölfe darüber informieren, daß sich hier schon ein Paar gebildet hat. (Foto: L. David Mech)

JAGEN UND FRESSEN

Zähne sind die Werkzeuge des Wolfs. Anstelle unserer Messer, Hacken, Mühlen und Sägen besitzt der Wolf nur seine 40 Zähne, um eine Beute zu packen, zu töten und so große Tiere wie Elch und Moschusochse aufzureißen. Vier lange, scharfe Fangzähne schlagen der Beute die Wunden, während die vorderen Schneidezähne beim Auseinanderreißen helfen und die hinteren Schneidezähne die Schneidearbeit verrichten. Die Zähne des Wolfs halten viele Jahre, aber mit 12 bis 14 Jahren sind sie stumpf und rissig geworden. (Foto: Tom Brakefield)

Wie Hund oder Katze ist der Wolf ein Fleischfresser – er gehört zu den »Carnivora«. Anders als Rotwild, Kühe, Mäuse, Kaninchen und die meisten übrigen Säugetiere kann der Wolf sich nicht von Blättern, Pflanzenstengeln, Wurzeln oder Zweigen ernähren. Er hat nur einen sehr einfach gebauten Magen, der nicht in der Lage ist, die dicken Zellulosefasern der Pflanzen zu verdauen. Dafür ist der Wolf ein vorzüglicher Verwerter von Fleisch und Fett.

Hinzu kommt, daß die Zähne des Wolfs völlig anders gebaut sind als die Zähne von Pflanzenfressern. Diese sind im allgemeinen würfelförmig abgeflacht, mit rauher Oberfläche. Die Zähne des Wolfs dagegen sind scharf und spitz, ideal zum Zupacken, Festhalten, Reißen und Zerren.

Ein Säugetier wie der Wolf ist auf Fleisch angewiesen. Daher kann er sich nicht nur darauf verlassen, irgendwo vielleicht auf tote Tiere zu stoßen, obwohl so etwas natürlich manchmal vorkommt. Deshalb gewinnt er seine Nahrung durch die Jagd. Selbstverständlich sind es nicht nur das spezialisierte Gebiß und das entsprechend eingerichtete Verdauungssystem des Wolfes, die ihn zur Jagd befähigen. Auch alle anderen Eigenschaften prädestinieren ihn dazu: sein Temperament, sein Instinktverhalten, seine Sinnesleistungen und sogar seine sozialen Neigungen – alles ist auf die Raubtiernatur zugeschnitten.

Da er ein großes Tier ist und im Rudel lebt, kann er auf lange Sicht seinen Hunger nicht durch die Jagd auf kleine Tiere stillen. Er wird zwar alles mögliche Getier fressen und auch Mäuse, Vögel und Kaninchen nicht verschmähen. Aber den Großteil seiner Zeit wird er darauf verwenden, große Tiere zu jagen. Sie sind zwar schwerer zu fangen und zu töten als kleinere, aber dafür bringt eine erfolgreiche Jagd auch genügend Futter für längere Zeit oder für mehrere Tiere eines Rudels ein. Je nach Lebensraum des Wolfs sind seine hauptsächlichen Beutetiere Rotwild, Elch, Karibu, Büffel, Bergschaf, Bergziege oder Moschusochse. In manchen Landstrichen macht er auch Jagd auf Biber oder Schneehasen.

Es ist ein mühseliges Geschäft für den Wolf, große Beutetiere aufzuspüren, zu fangen und zu töten. Denn alle von ihm gejagten Tiere haben ihre eigenen Methoden, die Absichten des Feindes zu durchkreuzen, und es erfordert viel Zeit und Aufwand seitens des Wolfs, diese Verteidigungslinien zu durchbrechen. Dabei setzt er all seine Fähigkeiten ein: die scharfen Sinne, um die Beute aufzuspüren; das Vermögen, weite Entfernungen zurückzulegen, ohne zu ermüden oder zu erlahmen; und die Kunst, ein Tier wechselweise anzuspringen und wieder von ihm abzulassen, um Hörnern und Hufen möglichst auszuweichen.

Schauen wir uns die Defensivmaßnahmen der verschiedenen Beutetiere des Wolfs einmal an. Allein das Beutetier ausfindig zu machen, ist nicht einfach. Normalerweise sind Beutestücke entweder in geringer Zahl über weite Gebiete verstreut, oder sie leben in großen Herden auf kleinem Raum, wandern über Land und wechseln häufig den Standort.

Einige große Beutetiere ändern ihre Verteidigungsstrategie je nach Jahreszeit. Der Weißwedelhirsch z. B. lebt in den schneefreien Perioden als Einzelgänger, so daß er nur schwer ausfindig zu machen ist. Bei Schnee aber können Hirsche und Rehe bis zu 42 km wandern, um sich in »Winterhöfen« zu vergesellen. Damit tun sich dann mehrere Augen, Ohren und Nasen zusammen, um sich nähernde Wölfe zu entdecken. Dabei entstehen auch Spuren im Schnee, auf denen das Wild besser fliehen kann. Und wahrscheinlich kommt dadurch auch eine gewisse Verwirrung ins Spiel. Denn der Wolf hat nun die Qual der Wahl, für welches Opfer er sich entscheiden soll. Überdies verteilt das Leben in Gruppen das Risiko auf viele Tiere.

Auf der Flucht entwickeln Hirsche und Rehe große Schnelligkeit. Treibt sie der Wolf trotzdem in die Enge, können sie ihm mit ihren scharfen Hufen sehr zusetzen und ihm ohne weiteres den Schädel einschlagen. Im Herbst und Frühwinter sind die Hirsche auch imstande, ihren Verfolger mit dem Geweih zu töten.

Karibus sind größer als Rotwild, und Männchen und Weibchen haben längere Geweihe. Ihre Hufe sind zwar nicht scharf, dafür aber so groß und wuchtig, daß sie dem Wolf das Rückgrat brechen können. Karibus ziehen stets in großen Herden über Land, außer zur Zeit des Kalbens. Wenn es soweit ist, trennen sie sich und machen sich einzeln auf den Weg – zu einsamen Felsklippen, Inseln oder anderen abgelegenen, gut geschützten und weniger leicht zugänglichen Stellen, wo sie dann ihre Kälber zur Welt bringen. Diese Karibukälber sind an den ersten beiden Tagen ihres Lebens schwach und hilflos. Da braucht sie der Wolf nur aufzuspüren und kann sie mit Leichtigkeit schlagen.

Ich beobachtete einmal, wie ein Wolf ein neugeborenes Karibukalb in der Tundra des Denali Nationalparks in Alaska

Dank seiner Fähigkeit, blitzschnelle Haken zu schlagen, kann ein gesunder, ausgewachsener Hase dem verfolgenden Wolf nicht selten entkommen. (Foto: Tom Brakefield)

Hirsche und Rehe sind nicht viel größer als Wölfe. Aber ihre scharfen Sinne und ihre ständige Alarmbereitschaft, ihre Schnelligkeit und Ausdauer, ihre scharfen Hufe und spitzen Geweihe bilden Teile eines Verteidigungssystems, das den Wolf bei den meisten Verfolgungsjagden zum Verlierer macht. (Foto: Todd Fuller)

entdeckte. Die Stelle, an der das Kalb geboren worden war, war nicht so schwer zugänglich wie sonst. Der Wolf nützte den für ihn glücklichen Zufall und machte wenig Federlesens. Er rannte geradewegs auf die Karibukuh zu, die sofort ihr am Boden kauerndes Kälbchen im Stich ließ. Ein oder zweimal zugebissen, und das Mahl lag vor ihm.

Ist das Karibukalb aber erst einmal ein paar Tage alt, kann es bereits sehr schnell laufen. Die Mutter schließt sich dann mit anderen Müttern und Kälbern zu einer säugenden Herde zusammen – mit allen Vorteilen, die eine derartige Gruppe zur Verteidigung bietet.

Kanadische Elche, die größten Beutetiere des Wolfes, verlassen sich meist auf ihre Größe und Stärke. Viele gehen bloß in Verteidigungsstellung, wenn sich ein Wolf nähert, und sind dadurch schon vor Angriffen ziemlich sicher. Die Wölfe müssen versuchen, sie zur Flucht zu veranlassen. Denn nur dann können sie sie ohne große Gefahr angreifen. Aber auch in diesem Fall sind die Elche meist schneller oder ausdauernder als ihre Verfolger. Außerdem genügt ein wohlgezielter Schlag mit dem Huf, und der Feind ist ausgeschaltet.

Auch die übrigen Beutetiere des Wolfes haben ähnlich wirksame Verteidigungswaffen. Elche bilden Herden und besitzen scharfe Hufe und Schaufelgeweihe. Moschusochsen und Büffel schließen sich eng zusammen und begegnen den jagenden Wölfen Kopf an Kopf mit ihren scharfen, geschwungenen Hörnern. Ihre Jungen ziehen sich in den so gebildeten Schutzring zurück oder stellen sich zwischen den erwachsenen Tieren auf. Bergziegen und -schafe leben auf zerklüftetem, felsigem Terrain, wo sie sich auf Felszinnen und -bänder zurückziehen, wohin ihnen die Wölfe kaum folgen können. Und Biber umgeben sich mit schützenden Wassergräben.

Allerdings besitzt der Wolf Sinnesorgane, Fähigkeiten und Kräfte, die denjenigen seiner Beutetiere annähernd gleichkommen. Aber eben nur annähernd. Denn wären die Wölfe als Jäger in der Lage, jede Verteidigungstaktik ihrer Opfer zu überwinden, so könnten sie jedes gewöhnliche Tier zu jeder Zeit töten. Sie würden damit ihre eigene Lebensgrundlage zerstören. Statt dessen hat sich ein sich selbst erhaltendes System entwickelt: Im allgemeinen schlagen die Wölfe gerade so viele Beutetiere, wie zum Überleben und zur

Wölfe töten zwar vor allem große Säuger, aber sie verschmähen auch kleinere Tiere wie Mäuse und Hasen nicht. In der Gesamternährung des Wolfs spielen diese nur eine sehr bescheidene Rolle, können aber bei der Aufzucht der Jungen von Bedeutung sein. Denn für jüngere und unerfahrene Wölfe im Rudel ist kleinere Beute leichter zu erjagen, so daß sie in Zeiten besonders hohen Bedarfs sich selbst und den Jungen zusätzliches Futter verschaffen können. (Foto: Tom Brakefield)

In fast ganz Kanada und Alaska ist das Karibu eines der wichtigsten Beutetiere des Wolfes. Karibus leben im allgemeinen in großen Herden. Aber im Sommer sind sie manchmal allein und somit weniger geschützt. Trotzdem ist es schwer für einen Wolf, ein wachsames, gesundes Karibu zu erlegen. Falls es ihm nicht gelingt, sich unbemerkt bis auf wenige Meter an ein Opfer heranzupirschen, kann sich das Tier mit einem mächtigen Satz und anschließender schneller Flucht dem Räuber entziehen. (Foto: Rick McIntyre)

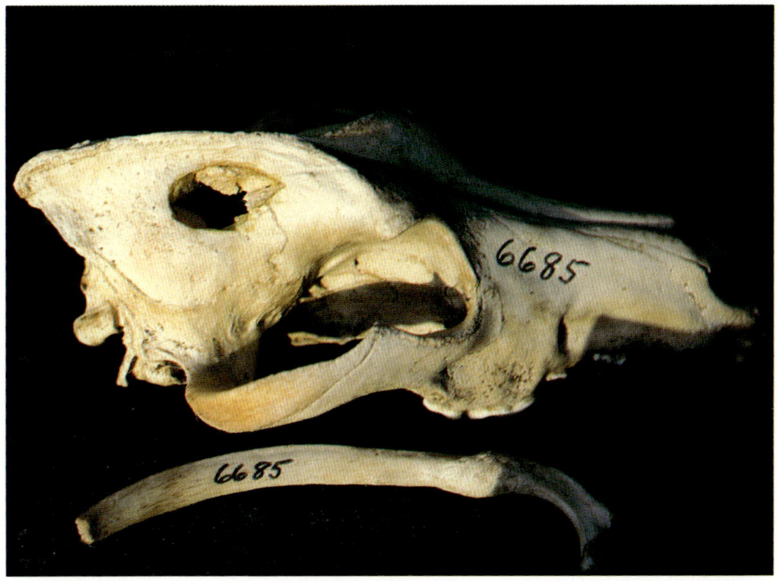

Der Huf eines Hirsches hat dieses Loch in den Schädel eines Alpha-Wolfes geschlagen. Das zeigt, welcher Gefahr sich Wölfe aussetzen, wenn sie ihre Beute angreifen. Dieser Wolf hatte auch zwei wieder verheilte gebrochene Rippen – Beweis dafür, daß er auch zuvor schon mindestens einmal einen tüchtigen Schlag von einem Beutetier abbekommen hatte. Auch das spitze Geweih eines Hirsches kann den Wolf durchbohren. (Foto: L. David Mech)

Dallschafe sind klein und für den Wolf keine besonders furchterregenden Gegner. Aber sie bewegen sich sehr geschickt auf Felsklippen und an Berghängen, so daß sie sich vor Wölfen am besten schützen können, wenn sie sich stets in der Nähe von geeignetem Terrain aufhalten, das ihnen schnelle Fluchtmöglichkeiten bietet. Die Taktik der Wölfe zielt umgekehrt darauf ab, die Beute von solchen Rückzugsbereichen abzuschneiden. (Foto: Thomas Meier)

Aufzucht des Nachwuchses notwendig ist, und ihre Opfer entkommen ihnen normalerweise nur dann, wenn sie in bester körperlicher Verfassung sind und sich unter günstigen Umständen verteidigen können.

Da der Wolf den Verteidigungswaffen der meisten seiner Beutetiere nicht völlig gewachsen ist, ist er gezwungen, weit über Land zu jagen, bis er Tiere findet, die er packen und schlagen kann. Zum Glück für ihn hält die Natur aber für jeden Jäger normalerweise eine ausreichende Anzahl an Beutetieren bereit. So wurden beispielsweise auf der Isle Royale im Lake Superior im Lauf der Jahre bis zu 70 Elche pro Wolf gezählt; in Minnesota gibt es pro Wolf 50 bis 100 Stück Rotwild und im Denali Park an die 35 große Beutetiere (Karibus, Dallschafe und Elche).

Unter den möglichen Opfern eines Wolfes befinden sich somit immer alte, verletzte, schwache, kranke oder sonstwie behinderte Exemplare. Jedes Jahr werden auch zarte, unerfahrene, verletzliche Junge geboren. Erwachsene Beutetiere haben überdies alle ihre Brunstzeiten, in denen sich die Männchen verausgaben und ihre sonst gute Kondition leidet. Wölfe machen vor allem diese Exemplare ausfindig und jagen sie.

Diese Feststellungen sollen den Wolf keineswegs in ein besseres Licht setzen. Hier soll nur sachlich beschrieben werden, wie der Wolf lebt, wie er sich trotz der starken Verteidigung seiner Beutetiere halten kann.

Hat ein Wolf – oder ein Wolfsrudel – einmal seine Beute aufgespürt, versucht er normalerweise sich anzuschleichen, gleichgültig, ob das Terrain bewaldet oder offen ist. Er faßt das Tier genauestens ins Auge und pirscht sich langsam und vorsichtig an. Stets bereit, aufzuspringen und geradewegs auf das Opfer loszustürmen, hält er sich doch so lange wie möglich bedeckt, um bis zum allerletzten Meter unbemerkt zu bleiben.

Entdeckt die Beute den Wolf und zögert, so zögert auch der Wolf. In dem Moment aber, da sich das in Aussicht genommene Opfer zur Flucht wendet, setzt der Wolf ihm nach. Tatsächlich sieht es so aus, als ob der Wolf erst durch den Anblick der fliehenden Beute zum Angriff stimuliert würde. Wir kennen bei unseren gezähmten »Wölfen«, den Hunden, ein ähnliches Verhalten und schärfen daher unseren Kindern ein, vor einem fremden Hund nicht davonzulaufen, um ihn nicht zu reizen und von ihm angefallen zu werden.

Tatsächlich reißt der Wolf die meisten seiner Opfer in vollem Lauf. Oft ist die Jagd schon in den ersten Sekunden entschieden. Es scheint so, als ob vor allem die Aussicht auf schnellen Erfolg den Wolf anspornen würde. Denn er gibt andererseits schnell auf, wenn er sein Ziel nach wenigen Minuten noch nicht erreicht hat.

Normalerweise hat ein Wolf bei einer Beute nur dann Erfolg, wenn sich in deren Verteidigungssystem eine Lücke zeigt. Auch in diesem Fall konnte er den großen, alten Hirsch nur erlegen, weil dieser wahrscheinlich bereits geschwächt war – sei es durch Kämpfe mit anderen Hirschen oder weil er in der Brunstzeit mehr Energie auf die Verteidigung seiner Weibchen als auf die Erhaltung der eigenen Kraft verwendet hatte. In der herbstlichen Brunstzeit fallen tatsächlich alte Männchen vieler Tierarten besonders oft dem Wolf zum Opfer. (Foto: Diane Boyd)

Möglicherweise hat eine Arthritis im Rückgrat dieses Elches sein Schicksal besiegelt. Wölfe töten sehr oft alte Tiere. Das gilt für jede Art Beutetiere. Alte Tiere sind besonders anfällig für Arthritis, so daß ihre Bewegungen steifer und träger werden und sie von den Wölfen leichter und gefahrloser erlegt werden können. Weitere Krankheiten, durch die Tiere zur leichten Beute des Wolfes werden können, sind Zysten in der Lunge, massiver Zeckenbefall usw. Tatsächlich leiden viele von Wölfen erbeutete Tiere an derartigen Übeln. (Foto: Thomas Meier)

MOOSE
AK-46
♀ Ad
2-13-87

Der Kanadische Elch, eins der größten Beutetiere des Wolfs, verteidigt sich am wirksamsten, indem er sich fest in den Boden stemmt und dem Rudel die Stirn bietet. Die Wölfe umzingeln und umschleichen das stehende Tier von allen Seiten und machen sich ein Bild von den Stärken und Schwächen der Beute. Der Elch verhält sich kampfbereit und versucht die Angreifer einzuschüchtern: Er greift selbst mit den Hufen an und schlägt nach ihnen aus. Die Wölfe auf diesem Bild versuchten fünf Minuten lang, sich dem Elch zu nähern. Als es ihnen aber nicht gelang, ihn zur Flucht zu bewegen, gaben sie auf und wandten sich anderen Elchen zu. Vielleicht hatten sie bei ihnen mehr Glück. (Foto: L. David Mech)

Manchmal wenden sich Elche zur Flucht, statt den Gegner zu stellen. Dann nehmen die Wölfe, falls sie nahe genug herangekommen sind, immer die Verfolgung auf und versuchen, das Tier zu erlaufen und zu töten. Aber sehr häufig gelingt es den Elchen sogar auf der Flucht, mit den Hufen auszuschlagen und den Angriff der Wölfe abzuwehren. Die Jagd wird vielleicht über ein bis zwei Kilometer fortgesetzt, bis sich die Wölfe entweder zum Generalangriff entschließen oder die Jagd abblasen. (Foto: Rolf Peterson)

Wenn Wölfe einen Elch angreifen, schlagen sie ihm zuerst die Zähne in Rücken und Flanken und bremsen ihn im Lauf. Dann wagt ein Alpha-Wolf den Frontalangriff und versucht, das Tier an den Nüstern zu pakken. Gelingt ihm das, bleibt der Elch stehen, um diesen Wolf abzuschütteln. Das gibt dem übrigen Rudel Gelegenheit, weiter am Rükken und an den Flanken zu ziehen und zu zerren und die Beute endgültig niederzureißen. (Foto: Rolf Peterson)

Auf der Jagd nach Moschusochsen lassen Wölfe die Herde niemals zur Ruhe kommen und versuchen, sie zur Flucht zu bewegen. Dabei würden die hilflosen Kälber zurückbleiben. Hält aber die Herde stand, bilden die Erwachsenen eine Verteidigungsfront gegen die Wölfe, und die Kälber stehen hinter ihr oder inmitten des Rings. Manchmal dauert eine solche Konfrontation mehrere Stunden. (Foto: L. David Mech)

Freilich gibt es auch Ausnahmen von dieser Regel. Ein Wolf, den ich beobachtete, jagte ein Reh über eine Strecke von 21 km. Leider konnte ich nicht verfolgen, wie der Kampf ausging.

Manchmal belauern die Wölfe auch stundenlang eine Herde Moschusochsen. Sie warten darauf, daß sich irgendwo im Verteidigungsring eine Lücke zeigt, daß ein Kalb von der Herde abgesprengt wird oder daß doch ein erwachsenes Tier flieht und dann strauchelt. Trotzdem bleiben diese Beispiele Ausnahmen. Die meisten Mahlzeiten holt sich der Wolf im Lauf, und zwar im Kurzstreckenlauf.

Wie bei anderen Arten fallen auch bei den Dallschafen meist die alten Tiere oder die im laufenden Jahr geborenen Jungen dem Wolf zum Opfer. Auf dem Bild ist ein scheinbar gesunder, elfjähriger Widder von Wölfen zur Strecke gebracht worden. Man befragte die für die Fütterung verantwortlichen Halter, und sie bestätigten, daß das Tier gesund war. Doch bei näherer Untersuchung zeigte sich, daß die Kiefergelenke des Widders von schwerer Arthritis befallen waren, was seine Fähigkeit zu fressen und somit genügend Kräfte zu sammeln, stark beeinträchtigt haben dürfte. (Foto: L. David Mech)

Im allgemeinen fallen Wölfe große Beutetiere zunächst am Rumpf an, weil sie sich dort am besten festbeißen können und außer Reichweite der tödlichen Hufe sind. Sobald aber die Beute gestoppt ist, versuchen die Jäger sie irgendwo am Kopf zu packen, am besten an der Nase.

Hat sich ein Wolf hier erst einmal verbissen, achtet das Opfer nur noch auf ihn. Das gibt den anderen Tieren des Rudels Gelegenheit, der Beute an den Bauch, die Flanken, den Hals und die Kehle zu springen. Normalerweise ist das Opfer in wenigen Minuten tot.

Sofort fangen nun die Alpha-Tiere an, sich in den Bauch der Jagdbeute hineinzufressen und die Eingeweide herauszuziehen. Andere Tiere des Rudels halten sich an die Verwundungen, wo sie am leichtesten an das Fleisch herankommen. Ohne laut drohendes Gebell und Geknurre geht es dabei nicht ab, versucht doch jeder Wolf, sich seinen Anteil an der Beute zu sichern. Kein Wunder, daß sich ein Tier, dem es gelingt, ein großes Stück aus dem Körper herauszureißen, sofort damit aus dem Staub macht, um es allein und in Ruhe zu verzehren.

Wenn Futter plötzlich im Überfluß vorhanden ist, legen Wölfe oft für magere Zeiten Vorräte an. Erst fressen sie sich satt, dann aber schleppen sie irgendein Fleischstück davon, graben es ein und schieben mit ihrer Schnauze die Erde wieder über das Loch. Manchmal würgen sie auch Teile der Beute aus dem Magen hervor und vergraben sie. Wenn dann einige Zeit später wieder die Mühsal der Jagd bevorsteht, graben sie lieber das Versteck auf und genießen ungestört ihre Mahlzeit.

Haben Wölfe ihr Beutetier erlegt, reißen sie es sofort am Bauch auf und verschlingen die Eingeweide. Herz, Lungen, Leber und andere Organe sind weich und besonders reich an Fetten und Nährstoffen, so daß sie bevorzugt verspeist werden. Die besten Stücke sind natürlich, vor allen anderen Tieren des Rudels, für die Alpha-Tiere reserviert. (Foto: L. David Mech)

Haben alle Mitglieder des Rudels sich dann an der Beute den Bauch vollgeschlagen – an die 10 bis 20 Pfund pro Schnauze dürfen es schon sein –, sucht sich jedes Tier ein gemütliches Plätzchen, legt sich nieder und macht einen Verdauungsschlaf. Die langen, harten Stunden der Jagd, die Verfolgung mit ihrem Auf und Ab, der Triumph beim dichten Herankommen an die Beute und die Enttäuschung, wenn sie beim ersten Anlauf doch noch verfehlt wird – das alles liegt nun hinter ihm. Für eine Weile ist der Wolf mit seinem Schicksal zufrieden.

Erwachsene Wölfe tragen Nahrung sowohl im Magen als auch im Maul zu ihren Jungen. Manchmal werden Beutetiere in Entfernungen von mehr als 35 km von der Höhle gerissen, so daß es die Erwachsenen viel Zeit kostet, das Futter von der Beute zu den Jungen zu schaffen. (Foto: Rick McIntyre)

Oft vergraben Wölfe ihre Beutestücke, um sie später wieder auszugraben, wenn die Jagd schwierig ist und sie oder die Jungen hungrig sind. Sie verstecken die Stücke teils schon in der Nähe der Beute oder bei den Höhlen und Lagern. Das Verstecken wird so zu einem Mittel, mit dem die Wölfe der Unsicherheit des Futternachschubs begegnen. (Foto: L. David Mech)

WANDERN

Laufen ist eine der wichtigsten Fähigkeiten des Wolfs. Sie ermöglicht es dem Tier, die Beute zu erjagen. Ein russisches Sprichwort sagt sehr zutreffend: »Der Wolf ernährt sich mit den Füßen.« Das Tier erreicht Geschwindigkeiten zwischen 55 und 65 km/h und besitzt genügend Ausdauer, um stundenlang und kilometerweit zu traben. (Foto: Tom Brakefield)

Wer Jäger ist, muß auch Wanderer sein. Wölfe müssen viel Zeit und Mühe aufwenden, um jagdbare Beute aufzuspüren. Solange sie also nicht fressen und ruhen, jagen sie, und sie versuchen, so oft wie möglich Beute zu machen. Dabei sind große Entfernungen zu überbrücken, so daß die Tiere viele Kilometer täglich wandern.

Im Nationalpark Isle Royale pflegte ich im Flugzeug den Wolfsspuren im Schnee zu folgen. Ich fand heraus, daß ein Rudel mit 15 Wölfen auf der Jagd nach Elchen im Schnitt 50 km pro Tag zurücklegte. Ein aus sechs Wölfen bestehendes Rudel, dem ich im Juli im hohen Norden mit meinem Geländemotorrad hinterherfuhr, entfernte sich 45 km von der Höhle, bevor es ihm gelang, einen Moschusochsen zu erlegen.

Aber Wölfe sind fürs Wandern bestens gerüstet. Ihre langen Läufe ermöglichen es ihnen, auch im tiefen Schnee schnell und ohne zu ermüden dahinzutraben. Trotz der Breite der Pfoten gibt die Anordnung der Zehen und die Fersenpolsterung nötigenfalls große Flexibilität. Wenn z. B. Wölfe versuchen, auf einem schmalen Felsband an Bergschafe heranzukommen, spreizen sich ihre Zehen weit auseinander, und die wie mit Leder gepolsterten Zehenspitzen haften fest auch an abschüssigem Fels. Und wenn ein Wolf auf unebenem Gelände, über felsiges oder mit Unterholz bestandenes Terrain läuft, passen sich seine Pfoten automatisch den Unregelmäßigkeiten des Bodens an. Dadurch überwindet er mit minimalem Aufwand etwaige Hindernisse und maximiert seine Geschwindigkeit.

Der Wolf ist ein unermüdlicher Läufer. Er erreicht Geschwindigkeiten von 55–65 km pro Stunde. Viele Kilometer hintereinander kann er, falls nötig, ohne Rast traben.

Die meisten Jagden des Wolfs sind zwar relativ kurz, aber das heißt nicht, daß er zur Verfolgung über weite Entfernungen nicht imstande wäre. Da der Wolf fähig ist, ausgedehnte Streifzüge zu unternehmen, entfernt er sich unter Umständen weit von seiner Höhle, und Tiere, die sich von ihrem

Rudel trennen, können auf der Suche nach neuen Lebensräumen große Entfernungen zurücklegen.

Ich selbst bin mit dem Flugzeug Wölfen gefolgt, die große Seen überquerten und beachtliche, genau feststellbare Distanzen überbrückten. Auch habe ich im hohen Norden ihre Reisegeschwindigkeit gemessen, indem ich ihnen mit dem Geländemotorrad folgte. Auf ihren regelmäßig unternommenen Ausflügen traben Wölfe mit 8 bis 15 km pro Stunde.

Es dürfte kaum überraschen, daß ein Tier wie der Wolf, der ein so guter Wanderer ist, auch ein sehr großes Revier sein eigen nennt. Ein Wolf durchquert auf seinen Streifzügen sein Gebiet in allen Richtungen, und das nicht nur an bestimmten Tagen, sondern auch mehrere Wochen und Monate hindurch. Wenn man sich ein angemessenes Bild von der Ausdehnung eines Wolfsreviers machen will, muß man es mit den Territorien anderer Tiere vergleichen. Rotwild z. B. pflegt auf einem Gebiet von 0,6 bis 1,3 qkm zu weiden. Hirsche und Rehe können zwar viele Kilometer zwischen den Orten, wo sie den Sommer bzw. Winter verbringen, zurücklegen, aber den größten Teil des Jahres verbringt jedes Stück Rotwild auf einer ziemlich kleinen Fläche. Ein Bärenweibchen mit Jungen beansprucht ein Territorium von 12–15 qkm.

Aber Wolfsrudel haben weit größere Reviere. Jagen sie Rotwild, brauchen sie etwa 75 qkm, leben sie von Elchen und Karibus, bis zu 2000 qkm. Das Rudel, das ich im hohen Norden beobachtete, beanspruchte eine Fläche von mindestens 2500 qkm. Ein Rudel in Alaska durchzog in sechs Wochen 7500 qkm. Nur auf so großen Flächen ist es dem Wolfsrudel möglich, genügend Futter zu beschaffen, um Nachwuchs aufzuziehen. Deshalb verteidigen Wölfe ihr Revier.

Sie tun das auf unterschiedliche Art. Entdecken sie ein Rudel aus der Nachbarschaft oder einen einzelnen fremden Wolf in ihrem Jagdgebiet, greifen sie die Eindringlinge an und töten sie auch oft. Doch kann es sich kein Rudel leisten, ständig im Streit mit den Nachbarn zu leben. Ein solcher Dauerkrieg würde seine Existenz gefährden und der Jagd zu viel wertvolle Zeit entziehen. Daher verlassen sich die Wölfe in letzter Instanz lieber auf die zwei gut ausgebauten Warnsysteme, die oben ausführlich beschrieben wurden: Geheul und Geruchsmarkierung. So bildet sich auf einer größeren

Die Pfote des Wolfs ist seinem Leben hervorragend angepaßt. Bei geschlossenen Zehen wirkt sie dick und klobig. Aber sie kann sich spreizen, und dann schmiegen sich die Zehen fest an abschüssige Felsen, Baumstrünke und unebene oder steile Oberflächen. Auf der Wanderung hält der Wolf die Zehen geschlossen und reduziert damit Oberflächenberührung und -reibung. Sind aber schwierige Manöver nötig, spreizen sich die Zehen weit auseinander und erhöhen Oberflächenberührung und -reibung. (Foto: Tom Brakefield)

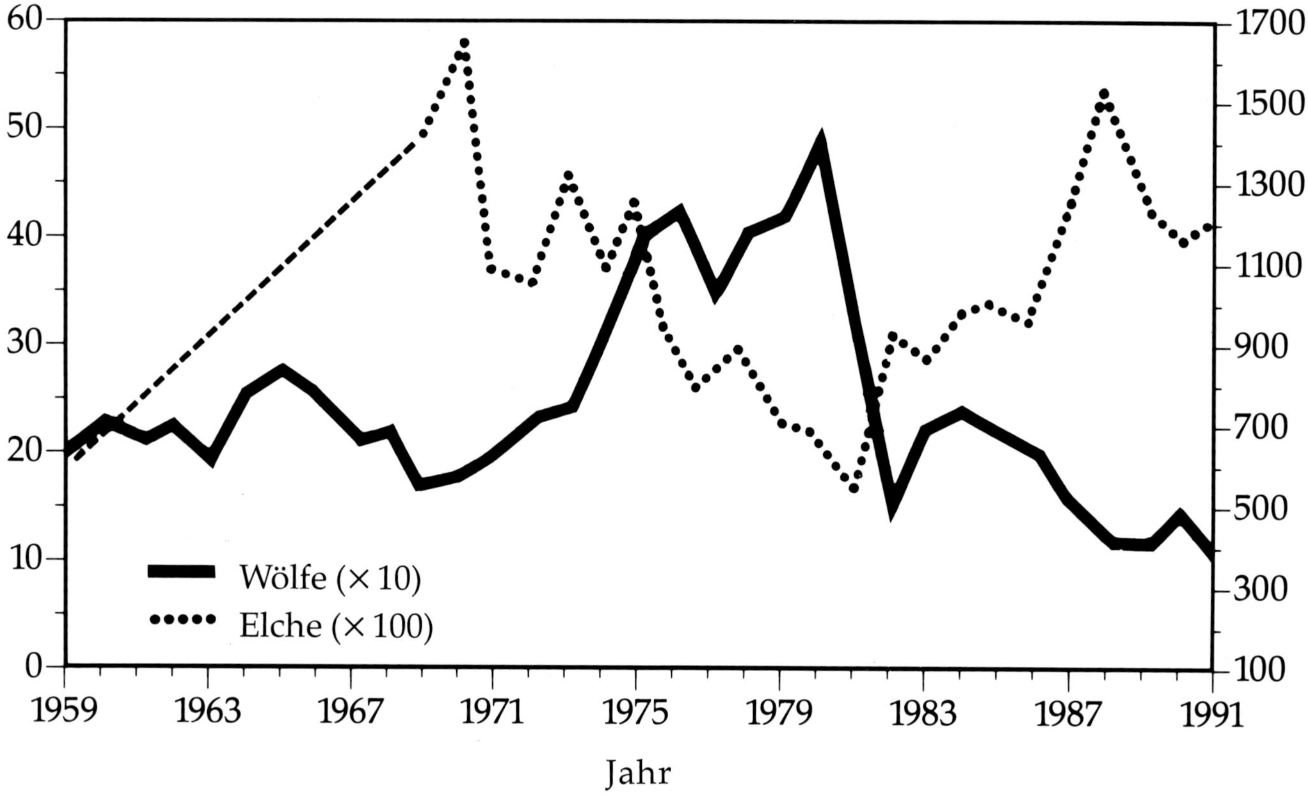
60
50
40
30
20
10
0
1700
1500
1300
1100
900
700
500
300
100
1959
1963
1967
1971
1975
1979
1983
1987
1991
Jahr
Wölfe (× 10)
Elche (× 100)

Das Verhältnis von Wolfs- und Elchbestand auf der Isle Royale (Abdruckgenehmigung von Rolf Peterson).

Die langen Läufe des Wolfs sind hervorragend geeignet, um durch den Schnee zu waten, sich durch Gestrüpp und Unterholz zu schlagen oder im vollen Lauf dahinzueilen. Seine Schulterhöhe beträgt im Stehen 75 cm. Daher und seiner schlanken Erscheinung wegen wird er auf den ersten Blick oft für ein Reh gehalten. (Foto: Tom Brakefield)

Verhaltensforschung auf der Isle Royale

Die im Nationalpark auf der Isle Royale durchgeführten Studien des Wolfsverhaltens gehören zu den bekanntesten ihrer Art. Die Isle Royale ist eine im Lake Superior gelegene Insel mit einer Fläche von 530 qkm, 35 km von der Grenze zwischen Minnesota und Ontario entfernt. Etwa ab dem Jahre 1949 wurde die Insel von Wölfen besiedelt, die über eine Eisbrücke vom Festland herübergewechselt waren. Das einzige dort das ganze Jahr über vorhandene Beutetier ist der kanadische Elch. In den warmen Monaten sind auch Biber eine willkommene Abwechslung.

1958 initiierte Dr. Durward L. Allen von der Purdue Universität das Isle-Royale-Forschungsvorhaben, und daraus entwickelte sich die bisher längste Untersuchung der Beziehungen zwischen Raubtieren und ihrer Beute. Ich selbst hatte das Glück, das Projekt, das inzwischen mehr als 30 Jahre läuft, in den ersten drei Jahren zu leiten. Seit 1970 ist Dr. Rolf Peterson von der Technischen Universität Michigan Direktor des Unternehmens. Bis zum Ende der sechziger Jahre bewegte sich die Wolfspopulation auf der Isle Royale immer um 25 Exemplare. Um 1980 indessen war sie auf 50 angestiegen und hatte damit eine Dichte wie keine sonst bekannte Population erreicht. Dann nahm die Zahl der Wölfe wieder ab bis zu einem Tiefstand im Jahre 1989, als es dort nur noch zwölf Tiere gab. Von da an stieg sie wieder auf 15 an, fiel aber erneut auf 14 und schließlich auf zwölf, wie sich aus der nebenstehenden Grafik ergibt. Besorgt wegen des Tiefstandes der Wolfspopulation in letzter Zeit haben sich Biologen und Parkverwalter Gedanken über die möglichen Ursachen gemacht. Man vermutete die eine oder andere Krankheit und verfiel auch auf »Niedergang durch Inzucht«, einen Bevölkerungsrückgang aufgrund niederer Geburten- oder höherer Sterblichkeitsraten, die auf Paarungen eng miteinander verwandter Tiere zurückgehen. Da nur selten günstige Voraussetzungen für Wölfe bestehen, auf die Isle Royal einzuwandern, muß dort zwangsläufig erhebliche Inzucht herrschen.

Daß dies tatsächlich der Fall ist, wurde durch Laboruntersuchungen des genetischen Bestandes der Wölfe auf der Isle Royale bestätigt. Es ist also durchaus möglich, daß Inzuchtschäden sich in den Populationszahlen niederschlagen. Doch dürfte es äußerst schwierig sein, den Einfluß dieses Faktors von anderen Ursachen wie Ernährung, Krankheit usw. zu isolieren.

Nicht selten kommt es vor, daß sich Wölfe gegenseitig den Garaus machen. In manchen Gegenden ist dieser »intraspezifische Kampf« die Hauptursache der natürlichen Sterblichkeit der Wölfe. Die meisten dieser Kämpfe brechen über Auseinandersetzungen um Reviere aus und werden von erwachsenen Tieren wenige Monate vor und nach der Paarungszeit ausgefochten. Daraus läßt sich schließen, daß dabei auch der Kampf um das Recht auf Fortpflanzung eine Rolle spielt. (Foto L. David Mech)

Fläche ein Mosaik von Wolfsterritorien, wie die Karte auf S. 34 zeigt.

Jedes Jahr werden im Wolfsrudel neue Junge geboren. Die Jungen vom Jahr zuvor werden Einjährige, und so wird das Rudel allmählich zu groß. Daher trennen sich gewöhnlich wenigstens ein paar Jährlinge von Rudel und Revier und wandern ins Land hinaus. Manche dieser Wanderer werden schon in den nächsten Revieren ansässig, falls diese frei sind. Andere schweifen im ganzen Verbreitungsgebiet der Wolfspopulation als unstete »Landstreicher« umher, wobei diese »einsamen Wölfe« Gebiete von über 2500 qkm durchstreifen können. Sie vermeiden möglichst jeden Kontakt mit anderen Rudeln in deren Revieren.

Denn sobald in fremde Reviere eindringende Einzelgänger entdeckt werden, wird Jagd auf sie gemacht, werden sie rücksichtslos angegriffen und oft genug getötet. Um zu überleben, halten sich diese Wölfe daher am liebsten am Rand der Reviere oder in Gegenden auf, wo mehrere Reviere zusammenstoßen.

Manchmal wandern sie auch in regelmäßigen Abständen in bestimmte, von ihnen bevorzugte Landstriche, die viele Kilometer voneinander entfernt sind. Wenn sich zwei einsame Wölfe unterschiedlichen Geschlechts begegnen, kann es sein, daß sie mit der Werbung beginnen, gemeinsam weiterwandern, sich paaren und Junge bekommen.

Wo es genügend Beute gibt, gelingt es dem neuen Paar unter Umständen, sich inmitten der anderen Reviere niederzulassen, deren Grenzen dadurch zurückgeschoben werden. Es bildet ein neues Rudel mit einem neuen Revier. Ist aber die Beute knapp, kommt es vor, daß das neue Paar von Wölfen aus der Nachbarschaft getötet wird, die dann ihr Territorium wieder in Besitz nehmen.

Ein anderer Typ Wanderer verläßt das angestammte Revier in einer bestimmten Richtung. Einige von diesen Tieren – es können Männchen oder Weibchen sein – bringen mehrere hundert Kilometer in gerader Linie hinter sich. Man hat Tiere beobachtet, die erst über 800 km von dem Ort, wo sie zuerst gefangen und markiert worden waren, haltmachten. Auch diese zielstrebigen Wanderer halten nach einem Partner und einem vakanten Revier mit genügend Beute Ausschau. Dort können sie sich dann niederlassen, ein eigenes Revier markieren und ein neues Rudel bilden.

Wieder andere Jungwölfe ziehen es vor, nicht ganz zu verschwinden, das Rudel zwar zu verlassen, aber doch noch im Revier zu bleiben. Einige Jungtiere bleiben überhaupt beim Rudel. Sie warten offenbar auf eine Gelegenheit, irgendwann im Territorium ihres eigenen Rudels selbst eine Familie zu gründen. Wahrscheinlich paaren sie sich schließlich mit ihren eigenen Eltern oder Verwandten. So etwas kommt mit Sicherheit bei in Gefangenschaft lebenden Rudeln vor. Und

Ein einsamer Wolf, der sein Rudel verlassen hat. Die meisten einsamen Wölfe sind um die drei Jahre alt, werden gerade geschlechtsreif und halten Ausschau nach einem Partner. Dabei suchen sie nach einem Gebiet, das groß genug ist, noch von keinem anderen Rudel besetzt ist und ausreichend Beute bietet, um einem neuen Rudel als Lebensgrundlage zu dienen. In dicht bevölkerten Verbreitungsgebieten sind einsame Wölfe zu langer Wanderschaft verurteilt, die oft viele Monate dauert, bevor sie ein Gebiet finden, das sich zur Niederlassung eignet. Es kommt auch vor, daß sie sich in ein fremdes Rudel einschmuggeln, doch weiß man darüber noch wenig. Manche einsame Wölfe wandern auch über hunderte von Kilometern in eine Richtung. Dadurch gelangen sie mitunter in Gegenden, die noch nicht von anderen Wölfen besetzt sind, und erweitern auf diese Weise das Verbreitungsgebiet. (Foto: Rick McIntyre)

Eine Hasenjagd ist für den Wolf eine Herausforderung. Hasen haben lange, kräftige Hinterläufe und setzen mit mächtigen Sprüngen über Stock und Stein. Damit sind sie für den nachsetzenden Wolf längere Zeit uneinholbar. So haben sie gute Chancen, in wechselndem Gelände und Vegetation ihren Vorteil zu erspähen und schließlich dem Verfolger zu entkommen. (Foto: Tom Brakefield)

auf der Isle Royale, wo alle Wölfe eng miteinander verwandt sind, ist es der Normalfall.

Oft wird die Frage nach den möglichen Krankheitsfolgen einer Inzucht unter Wölfen gestellt. Eine Antwort gibt es noch nicht. Das beste Beispiel, anhand dessen das Problem gelöst werden könnte, ist wiederum die Wolfspopulation der Isle Royale. Diese Population begann zweifelsfrei Ende der vierziger Jahre mit höchstens zwei nicht miteinander verwandten Wölfen.

Genetische Untersuchungen aus den Jahren 1988 und 1989 bestätigten, daß die Wölfe der Insel so eng miteinander verwandt sind wie Brüder und Schwestern. Trotzdem vermehrten sich die Wölfe munter weiter bis auf 50 Exemplare im Jahr 1980. Seither hat ihre Zahl wieder abgenommen. Nach Dr. Rolf Peterson, dem Leiter des Projekts, waren es 1990 noch fünfzehn und 1991 noch zwölf. Wenn sich hier die Inzucht tatsächlich nennenswert ausgewirkt hätte, so hätte es doch immerhin 40 Jahre gedauert!

Die meisten Wolfspopulationen, die genau erforscht worden sind, organisieren sich nach dem Revierprinzip. Einige aber sind gezwungen, andere Einteilungen des Lebensraums vorzunehmen, um die Beutechancen, die ihnen das Überleben sichern, optimal auszunutzen. Wo z. B. Wölfe von wandernden Karibuherden abhängig sind, müssen sie selbst zu Nomaden werden und den Herden folgen. Dadurch sind die Tiere gezwungen, ihre Höhlen in Gebieten anzulegen, in denen die Karibus kalben, und dort ihre eigenen Jungen zur Welt zu bringen.

Im Spätsommer bricht dann das ganze Rudel einschließlich der noch »halbwüchsigen« Jungen auf und verläßt auf den Spuren der Karibus die vorübergehende Heimat. Die nächsten Wochen folgen sie den Karibuherden, die sich auf Wanderschaft in ihre an die 200 km und mehr entfernten Winterweidegründe begeben.

Auch die Wölfe verbringen dort den Winter mit den Karibus, normalerweise in der hohen Taiga oder den Fichtenwaldgebieten Zentralkanadas und Alaskas. Da diese Karibuherden sehr groß und im Sommer über weite Landstriche verteilt sind, können im allgemeinen mehrere Wolfsrudel von ihnen leben. Sie alle folgen der Herde zu den Winterweiden. Dabei halten sie Tuchfühlung sowohl mit den Karibus als auch mit den benachbarten Wolfsrudeln, und zwar den ganzen Winter und Frühling über. Wie freilich diese Rudel miteinander auskommen und es vermeiden, sich gegenseitig in dauernde Kämpfe um die Karibubeute zu verwickeln, ist den Biologen vorerst noch ein Rätsel. Aber man darf wohl unterstellen, daß in dieser Situation das Wolfsgeheul die bevorzugte Methode ist, durch die sich die Rudel gegenseitig auf Distanz halten. Jedes Rudel informiert damit die anderen über die eigenen Bewegungen.

Ein Wolf als Eisbrecher. Schwimmend versucht er einen frisch zugefrorenen Fluß zu überqueren. Dieses Tier schaffte es tatsächlich bis zum anderen Ufer. Aber viele Wölfe erliegen den Gefahren, die in der Natur auf sie lauern. So wurden z. B. im Denali Nationalpark in Alaska zwei mit Peilsender versehene Wölfe von einer Lawine getötet. Wahrscheinlich wanderten sie an einem Felshang entlang oder über ein Schneebrett und traten so die Lawine los. (Foto: Mike Nelson)

Auf der Wanderschaft hält sich das Alpha-Männchen normalerweise an der Spitze des Rudels und gibt die einzuschlagende Richtung an. (Foto: Tom Brakefield)

WERBERITUALE UND FORTPFLANZUNG

Zwei der interessantesten Aspekte des Wolfslebens stellen Werbung und Fortpflanzung dar. Sind erst einmal gewisse Unsicherheiten in diesem Bereich geklärt, werden auch viele andere Rätsel in der Biologie des Wolfs gelöst werden können.

Wölfe paaren sich einmal jährlich. In Gefangenschaft werden Wölfinnen im Alter von zehn Monaten läufig und haben manchmal schon im Alter von einem Jahr Junge. In dem am besten belegten Fall dieser Art deckte der Bruder eines zehn Monate alten Weibchens in einem Zoo das Weibchen, und es kamen lebende Junge zur Welt. In der Wildnis hat man dergleichen niemals beobachtet. Warum das so ist, wissen wir nicht. Vielleicht hat es mit den Eltern des Rudels, den Alpha-Tieren, zu tun, die alle Ansätze zu Paarungsritualen unter den rangniedrigeren Mitgliedern des Rudels rigoros unterbinden.

Zwar erreichen wilde Wölfe oft schon im ersten, auf jeden Fall am Ende ihres zweiten Lebensjahres, ihre volle Größe, aber geschlechtsreif werden sie erst viel später. Seinen Geschlechtshormonen nach ist der Wolf erst mit etwa fünf Jahren voll geschlechtsreif – das würde beim Menschen einem Alter von etwa 25 Jahren entsprechen. Trotzdem paaren sich weibliche Wölfe in der Wildnis manchmal schon mit zwei oder drei Jahren. Aber mit größter Wahrscheinlichkeit pflanzen sich viele wilde Wölfe erst mit vier oder fünf Jahren fort. Natürlich müssen diese Altersunterschiede bei der ersten Paarung nicht unbedingt Unterschiede in der physiologischen Fortpflanzungsfähigkeit widerspiegeln. Es könnte auch auf unterschiedliche Fähigkeiten bei der Partnersuche hinweisen.

Die Paarungszeit in einer Wolfspopulation erstreckt sich über ein paar Tage gegen Ende des Winters oder im Frühjahr. Das hängt davon ab, in welcher geographischen Breite sich die Reviere der Tiere befinden. Im Süden paaren sich die Wölfe früher, im Norden später. Während dieser Periode werden manche Weibchen für ein oder zwei Wochen läufig.

Wolfswelpen spielen stundenlang miteinander, purzeln übereinander, balgen, knuffen und jagen sich gegenseitig. Solche Spiele haben u.a. den Sinn, daß sich die Tiere üben und ihre Muskeln entwickeln. (Foto: Tom Brakefield)

Nächste Seite: Im Spiel üben die Welpen ein Verhalten, das sie später als Erwachsene gut brauchen können, wenn sie sich verteidigen müssen oder auf Beutejagd gehen. Derartige »Welpen–Turniere« finden während der ganzen ersten Lebensmonate fast täglich statt. (Foto: Tom Brakefield)

Jüngere Wölfinnen geraten erst etwa zwei Wochen später in Hitze. Ein bis sieben Wochen vor dem Östrus erleben die Weibchen einen sogenannten Proöstrus und haben Vaginalblutungen, wodurch die Männchen von ihrem Zustand Kenntnis erhalten. Das Blut wird mit dem Urin ausgeschieden und zeigt sich gut sichtbar an Duftmarken im Schnee. Jeder Wolf, der darauf stößt, kann sich einem solchen Zeichen nähern und es beriechen.

Außerdem setzen sowohl männliche als auch weibliche Tiere häufiger ihre Duftmarkierungen, sobald die Paarungszeit näherrückt. Besonders auffällig ist die doppelte Markierung, bei der das Alpha-Weibchen spritzharnt, worauf das Alpha-Männchen seinerseits das Bein neben der Markierung des Weibchens hebt. Im Schnee sieht man zu dieser Zeit solche doppelten Markierungen sehr häufig, wobei die eine proöstrales Blut enthält. Neue Paare setzen übrigens solche Markierungen weit öfter als solche, die schon lange beisammen sind. Das beweist, daß die doppelte Markierung auch den Zusammenhalt zwischen den beiden Partnern festigt: Männchen und Weibchen knüpfen dadurch das Band gegenseitiger Zuneigung.

Diese Zuneigung bekunden sich Wölfe auch sonst zu allen Zeiten des Jahres. Doch wissen wir wenig über die anderen Monate außerhalb des Winters. Ist das Band geknüpft, beginnt das Paar gemeinsam zu wandern und sein Revier durch Duftzeichen zu markieren. Normalerweise paart sich ein Männchen nur mit einem einzigen Weibchen. Doch konnte ich einmal im Superior National Forest ein Männchen beobachten, das zwei Weibchen deckte – wahrscheinlich waren es Schwestern. Als aber die Zeit des Höhlenbaus gekommen war, hielt sich der Rüde nur an das eine Weibchen und half ihm, die Jungen aufziehen. Das andere Weibchen baute sich eine Höhle in 21 km Entfernung und zog seine Jungen allein auf. Es gab jedoch sichere Anzeichen dafür, daß das Männchen auch das andere Weibchen mindestens einmal bei der Aufzucht seiner Jungen besucht hatte.

In festgefügten Rudeln paaren sich vor allem die ranghöchsten Männchen und Weibchen, die Alphas. Doch gibt es in 20 bis 40 Prozent der Rudel, in denen mindestens zwei erwachsene Weibchen leben, zwei Würfe. In vielen Fällen bleiben die Jungen des untergeordneten Paares nicht am Leben, aber manchmal werden die beiden Würfe von ihren Müttern zusammengetragen und gemeinsam aufgezogen.

Die Ranzzeit ist geprägt von zunehmenden Gesten der Zuneigung zwischen den Alpha-Tieren. Sie schlafen immer enger beisammen, und auf der Wanderung weicht das Männchen dem Weibchen nicht von der Seite. Beide Alphas vertreiben Konkurrenten aus dem Rudel mit furchterregenden Blikken, Geknurr und Drohgebärden. Sie lecken einander das Fell, legen dem andern die Vorderpfoten auf die Schultern

Unter Wolfsjungen bildet sich noch keine stabile soziale Ordnung heraus. Aber im Spiel praktizieren sie schon Dominanzverhalten. Auf diesem Bild steht ein Welpe mit erhobenem Schwanz über dem andern und ahmt einen erwachsenen Wolf nach, der einem untergeordneten Tier seine Macht demonstriert. Aber das Blatt kann sich schnell wenden, und der Unterlegene nimmt dann die Chance wahr, sich seinerseits zu behaupten. (Foto: Tom Brakefield)

und lassen keine Gelegenheit zu gegenseitiger Berührung aus.

Kurz vor der Kopulation ziehen sich die Pärchen häufig für einige Tage vom Rudel zurück, wahrscheinlich um jeder Störung durch andere Rudelmitglieder zuvorzukommen.

Wölfe kopulieren wie Hunde. Das Männchen besteigt das Weibchen von hinten, führt seinen Penis ein, und während des Paarungsvorgangs schwillt der Penis an, während der Vaginalmuskel des Weibchens ihn fest umschließt. So bildet sich eine feste »Koppelung« zwischen den beiden heraus. Wenn diese Verbindung hergestellt ist, läßt sich das Männchen wieder fallen und dreht seinen Körper zur Seite, wobei es aber in der Scheide des Weibchens bleibt. Von jetzt an »hängen« die Tiere Schwanz an Schwanz aneinander, und zwar bis zu 30 Minuten. Während dieser Zeit ejakuliert das Männchen immer wieder. Niemand weiß genau, weshalb es zu dieser »Koppelung« kommt. Vielleicht gelangt so der Same mit Sicherheit zu den Eiern und wird gewährleistet, daß sich kein Konkurrent in den Vorgang einmischt.

Früher glaubte man, eine Beziehung zwischen zwei Wölfen sei eine Beziehung fürs Leben, und tatsächlich paarten sich ein Männchen und ein Weibchen, die ich beobachtete, auch Jahre hintereinander und zeugten Junge. Doch wenn ein Partner stirbt, kann sich der andere durchaus mit einem neuen Gefährten verbinden.

Die Zoologen wissen nicht genau, welche Faktoren zur Paarbildung unter Wölfen beitragen. Sicher ist jedenfalls, daß Weibchen nicht geschlechtsreif sein müssen, ehe sie sich mit einem Männchen zusammentun. Eine von uns beobachtete Wölfin sonderte sich im Alter von 17 Monaten vom Rudel ab und nahm mit 19 Monaten Beziehungen zu einem Männchen auf. Die beiden steckten ein Revier ab und ließen sich im ersten Monat der Höhlenbausaison auf einem Gebiet von etwa 2,5 qkm häuslich nieder. Später trennten sie sich wieder, und das Weibchen kehrte zu seinem Rudel zurück. Als es im Alter von 34 Monaten starb, ergab eine Autopsie, daß es niemals Eier entwickelt hatte, also noch nicht geschlechtsreif war. In einem anderen Fall taten sich ein 32 Monate altes Weibchen und ein Rüde zusammen und hielten diese Beziehung zwei Ranzzeiten über aufrecht, ehe das Weibchen Junge zur Welt brachte, die am Leben blieben.

Es ist sicher, daß weibliche Wölfe über sehr komplexe, ritualisierte Verhaltensmuster verfügen, die Werbung, Paarbildung und Begattungsvorgang regeln. Dabei sind die hormonellen Vorgänge recht kompliziert. Wölfinnen können nämlich tatsächlich in einen Zustand geraten, den man »Scheinträchtigkeit« nennt. Ein geschlechtsreifes Weibchen wird jedes Jahr entweder wirklich trächtig oder absolviert nur eine »Scheinträchtigkeit«. Während dieser Zeit verhält sich das Hormonsystem der Wölfin genau so, als ob das Tier

Geschlechtsreife Wölfinnen geraten nur einmal im Jahr in Ranz oder Hitze, Hündinnen dagegen zweimal. Das ist einer der Hauptunterschiede zwischen Wolf und Hund. Das Alpha-Männchen folgt seiner Partnerin vor und während der Ranzzeit getreulich überallhin und wartet auf eine Gelegenheit zur Kopulation. Es bespringt das Weibchen und führt den Penis ein, dann läßt es sich wieder fallen, ohne aber den Kontakt zu unterbrechen, und schwenkt den Körper um 180 Grad, das Gesicht vom Weibchen abgewendet. Die beiden Tiere stehen oder liegen dann in engstem Kontaktschluß beieinander. Das kann bis zu einer halben Stunde dauern. In dieser Zeit wandert der Same weiter und befruchtet die Eier. (Foto: Jane Packard)

wirklich trächtig wäre. Das bedeutet, daß sie sogar Milch erzeugen und unter Umständen den Nachwuchs eines anderen Weibchens säugen kann.

Man kann sich durchaus vorstellen, daß scheinträchtige Weibchen ohne Junge tatsächlich »Ammen« im Rudel werden können. So etwas ist zwar noch nicht in der Wildnis, wohl aber bei gefangenen Wölfen beobachtet worden. Das erklärt vielleicht auch eine Situation, die ich im hohen Norden antraf, wo ich drei Jahre lang beobachten konnte, wie ein rangniedriges Weibchen die Jungen des Rudels säugte. Das Alpha-Tier dagegen, dessen Aufgabe es nach den Regeln des Rudels gewesen wäre, die Jungen auszutragen (es hatte sie wohl auch erfüllt), verbrachte seine Zeit auf der Jagd und schleppte Futter für die Jungen herbei.

Diese Bereitschaft zur Nachwuchspflege ist eines der charakteristischen Merkmale eines Wolfsrudels. Meine stärksten Eindrücke während der Zeit, als ich mit den Wölfen im hohen Norden lebte, gewann ich bei Beobachtungen der unglaublichen Sorgfalt, mit der jedes Rudelmitglied sich der Jungen annahm. Jeder der Wölfe, auch die Einjährigen und die Rüden, brachte den Jungen Futter, spielte mit ihnen, paßte vor der Höhle auf sie auf und behandelte sie in jeder Hinsicht so, als ob es die eigenen Welpen wären. Verursacht wird dieses Verhalten durch das Pflegeverhalten auslösende Hormon Prolaktin, das bei Wölfen im Frühjahr sogar bei den Männchen und noch nicht geschlechtsreifen Weibchen gebildet wird.

Noch während der Tragzeit sorgt ein weiterer Umstand für optimale Entwicklungschancen der Jungen: Die Paarungszeit der Wölfe läuft nämlich recht genau synchron mit der Jahreszeit, in der sie mit ihrer Beute das leichteste Spiel haben. Die meisten Beutetiere des Wolfs verlieren über den Winter an Gewicht, so daß sie im Spätwinter oder Frühjahrsanfang geschwächt sind und sich schlechter als sonst verteidigen können. Infolgedessen sind die Wölfe zur Paarungszeit besonders wohlgenährt – und auch noch wenige Monate danach, wenn sich, in einer Periode von etwa 63 Tagen, die Jungen entwickeln.

Wenn die Zeit der Geburt herankommt, sucht sich das trächtige Weibchen einen sicheren Zufluchtsort, wo es die Jungen zur Welt bringen und in den ersten Lebenswochen pflegen kann. Wolfshöhlen haben die unterschiedlichsten Formen. Meist sind es Felsgrotten, Bodenspalten oder -löcher. Entweder raubt sich die Wölfin diese Höhle von einem kleineren Tier, z. B. einem Fuchs, und vergrößert sie für ihre Zwecke, oder sie gräbt sie selbst. Auch andere Stellen werden mitunter benutzt, z. B. alte Biberburgen oder hohle Baumstämme. Vier Beispiele sind mir bekannt geworden, in denen Wölfinnen ihre Jungen direkt auf dem Boden warfen, ohne jeden Schutzraum. In einem dieser Fälle kam keines der

Gelegentlich bringen Wölfinnen ihre Jungen in flachen Bodenmulden zur Welt. Aber zumindest in einigen dieser Fälle tragen sie die Jungen nach einigen Tagen dann in eine richtige Höhle. Die Zoologen sind sich nicht im klaren darüber, warum die Wölfinnen zum Werfen der Welpen solche Gruben benützen, doch könnte es sein, daß sie nur diesen Ausweg sehen, wenn sie einmal weiter von der Höhle entfernt sind und von den Wehen überrascht werden. Die Annahme, daß vielleicht nur die erstgebärenden Weibchen Gruben benutzen, ist fragwürdig geworden, nachdem mindestens einmal beobachtet worden ist, daß auch ein erfahrenes Weibchen einen Wurf in einer Grube zur Welt brachte. (Foto: L. David Mech)

Die meisten Wolfshöhlen sind in die Erde gegraben. Ein kleiner Tunnel erweitert sich um 1 bis 2 Meter und bildet einen Nestraum. Die ersten drei Lebenswochen verbringen die Welpen in einer solchen Höhle, wobei der Körper der Mutter sie warmhält. Nach der dritten Woche wagen sich die Jungen allmählich zum Höhlenausgang vor, und nach weiteren zwei bis drei Wochen verbringen sie die meiste Zeit vor der Höhle. Mit rund acht Wochen verlassen die Welpen die Höhle und können dann bereits über weite Entfernungen mit dem Rudel mitziehen. Dabei leben sie in einer oberirdischen Nestmulde, die man »Lager« nennt. Dort geben sich auch alle anderen Tiere des Rudels ein Stelldichein, wenn sie für die Jungen sorgen und sie füttern. (Foto: L. David Mech)

Nächste Seite: In manchen Gegenden dienen den Wölfen Felsgrotten als Wurfhöhlen. Es gibt Anzeichen dafür, daß diese Grotte im hohen Norden, wo der Permafrost an vielen Stellen ein Aufgraben der Erde verhindert, schon seit 700 bis 800 Jahren von Wölfen benutzt wird. (Foto: L. David Mech)

Jungen durch. In zwei anderen brachte die Mutter die Welpen danach an sicherere Orte. Im letzten Fall ist mir ihr Schicksal unbekannt.

Wolfshöhlen werden häufig jedes Jahr wieder benützt, besonders in Gegenden, in denen Mangel an geeigneten Unterschlupfen herrscht. Manchmal wird eine Höhle über sehr lange Zeit immer wieder bewohnt. So ist z. B. eine Höhle, die Adolph Murie Anfang der vierziger Jahre im Denali Nationalpark beobachtete, noch heute, fast 50 Jahre später, im Gebrauch.

Im hohen Norden entdeckte ich eine sehr geräumige Höhle, die die Wölfe mindestens drei Jahre hintereinander benutzten, wahrscheinlich aber noch weit länger. Der Platz um die Höhle war mit Knochen von Beutetieren übersät, die die Erwachsenen herbeigeschleppt hatten: frischen, verhältnismäßig alten und sehr alten Knochen. Das Alter zweier Knochen wurde mit der Radiokarbonmethode festgestellt: Sie waren 323 und 783 Jahre alt – ein Hinweis darauf, daß die Höhle fast 800 Jahre lang benutzt worden sein dürfte.

Neugeborene Welpen sind blind und taub. Sie wiegen gerade ein Pfund. Da sie erst mit drei Wochen genügend eigene Körperwärme erzeugen können, sind sie auf die Wärme ihrer Mutter angewiesen. Mit etwa zwei Wochen öffnen sich die Augen, und mit etwa drei Wochen können sie hören. Aber schon gleich nach der Geburt sind sie muskulös und kräftig. Sie können kriechen und um die Zitzen der Mutter kämpfen. (Foto: L. David Mech)

Aber nicht nur die Wölfin, die die Jungen wirft, kennt die Lage der Höhle, sondern auch die anderen Tiere des Rudels. Das Alpha-Weibchen eines Rudels, das ich unter anderen im Superior National Forest beobachtete, geriet einmal in ein fremdes Revier und wurde von anderen Wölfen getötet. Ein neues Alpha-Weibchen, aber nicht aus diesem Rudel, nahm seinen Platz ein. Im Jahr darauf schon warf es Junge und wohnte dabei in derselben Höhle, in der ein Jahr zuvor das verlorengegangene Weibchen seine Jungen zur Welt gebracht hatte. Vielleicht fand die neue Wölfin die alte Höhle ganz von selbst. Wahrscheinlicher ist aber, daß das Alpha-Männchen oder Jährlinge des alten Rudels sie ihr gezeigt hatten.

Ein Wurf besteht im Schnitt aus fünf oder sechs Jungen. Doch kommen auch Würfe von neun, ja vielleicht sogar elf Jungen vor. Wölfe werfen nur einmal im Jahr. Doch wenn sie geschlechtsreif sind, erfolgt wirklich jedes Jahr ein Wurf.

In den ersten drei Wochen bleiben die Welpen mit ihrer Mutter im Innern der Höhle. Sie sind noch nicht imstande, selbst genügend Wärme zu erzeugen, so daß die Nähe ihrer Mutter lebenswichtig für sie ist. Also ist die Mutter praktisch an die Höhle gefesselt, um ihre Jungen warmzuhalten, und sie ist während dieser Zeit darauf angewiesen, daß ihr das Alpha-Männchen oder andere Rudelmitglieder Futter vorwürgen. Im Alter von etwa zwei Wochen öffnen sich die Augen der Kleinen, und mit drei Wochen können sie hören. Dann brechen auch ihre Milchzähne durch, und die Welpen fangen an, kleine Fleischbrocken zu fressen.

Im Alter von vier Wochen stehen die Ohren des Wolfswelpen aufrecht, und das Tier ähnelt einem Kätzchen. Es verbringt einen Teil seiner Zeit außerhalb der Höhle und wagt sich vielleicht schon bis 20 m vor den Eingang. Aber ein plötzliches Geräusch kann die Kleinen erschrecken und sie hastig zurück in die sichere Höhle treiben. (Foto: L. David Mech)

Im Laufe der vierten Lebenswoche wagen sich die Jungen zum erstenmal vor die Höhle. Das Muttertier kann nun für mehrere Stunden auf die Jagd gehen. Ich erinnere mich an ein Muttertier, das sein einziges vier bis fünf Wochen altes Junges

einmal 20 Stunden im Stück allein ließ. Auch die anderen Tiere des Rudels waren unterwegs. Alle paar Stunden schlich sich der kleine, einsame Flaumball zum Eingang der Höhle und gab ein klagendes, flehentliches Winseln von sich, mit dem er auf seinen leeren Magen aufmerksam machte.

Wenn die Welpen größer werden, fressen sie zunehmend feste Nahrung, die ihnen die Erwachsenen vorgewürgt oder herbeigeschleppt haben. Mit fünf oder sechs Wochen sind sie so kräftig, daß sie den Erwachsenen bis zu zwei Kilometer Entfernung von der Höhle folgen können.

Wolfswelpen wachsen unglaublich schnell. Mit etwa neun Wochen werden sie entwöhnt. Zu diesem Zeitpunkt verlassen sie normalerweise auch die Höhle und werden in ein »Lager« gebracht – eigentlich nur eine größere Mulde. In Waldgebieten befinden sich solche »Lager« oft an niedrig gelegenen schattigen Stellen. Die Welpen verbringen viel Zeit in einer Ecke dieses Lagers, wo sie sich in einem Haufen über- und untereinander zusammendrängen. Ab und zu machen sie kleine Ausflüge von mehreren hundert Metern in die nächste Umgebung. In diesem Bereich halten sie sich auf, während die Erwachsenen jagen und Futter für sie herbeischaffen. Im offenen Gelände werden die Welpen auch in Weidendickichten, in der Umgebung von Steinhaufen oder in der Nähe von Erdlöchern gehalten.

Manchmal transportieren die Erwachsenen, wenn sie ein großes Tier erbeutet haben, die Jungen lieber direkt zur Nahrungsquelle, statt ihnen Futter zu bringen. Solange sich die Welpen beim Kadaver der Beute aufhalten, bilden sie dort praktisch auch ein Lager. Manche Wolfsfamilien benützen den ganzen Sommer über dasselbe Lager, andere tragen ihre Jungen der Reihe nach zu verschiedenen Lagern, die oft Kilometer voneinander entfernt sind.

In solchen Lagern bleiben die Welpen bis etwa Mitte September. Von da an gehen sie mehr und mehr mit dem Rudel auf Wanderschaft.

Es kommt aber auch vor, daß schwächere Welpen noch mehrere Wochen lang im Lager bleiben. Die Erwachsenen kommen dann immer noch mit Futter zu ihnen zurück, allerdings sicher nicht mehr so oft wie zuvor, da sie jetzt mit den kräftigeren Jungen häufig weit umherstreifen. Die Nachzügler gehen dann entweder zugrunde, oder sie wachsen doch noch so weit heran, daß sie sich dem wandernden Rudel anschließen können.

Es handelt sich hier also um ein sehr sinnvolles Reproduktionssystem, das starke, lebensfähige Tiere heranbildet. Das Leben eines Wolfs ist im allgemeinen hart. Da ist kein Platz für Schwächlinge.

Die Tiere, die am Leben bleiben, bringen die besten Voraussetzungen mit, um mit den auf sie wartenden Gefahren und Herausforderungen fertig zu werden.

Mit etwa drei Wochen taucht das Wolfsjunge zum erstenmal aus der Höhle auf. Es bekommt scharfe, spitze Zähnchen, und beginnt, feste Nahrung zu fressen, die ihm von den Erwachsenen vorgewürgt wird. Es knurrt auch schon seine kleinen Geschwister an, wenn sie ihm etwas streitig machen, und ist immer bereit, mit ihnen zu kämpfen und zu raufen. (Foto: Fred Harrington)

ARTENSCHUTZ DES WOLFS

Früher einmal war der Wolf das meistverbreitete Säugetier der Erde. Wie schon erwähnt, lebten Wölfe, mit Ausnahme von Afrika, nahezu überall nördlich des 20. Breitengrades, der etwa durch Mexico City und Südindien verläuft. Aber in einem Großteil dieser früheren Verbreitungsgebiete sind sie im Lauf der Zeit ausgerottet worden, teils durch allmähliche Zerstörung ihrer Lebensgrundlagen, teils durch bewußte Verfolgung. Wölfe schlagen immer wieder Vieh und Haustiere, so daß sie dem Menschen stets als gefährliche Feinde erschienen. Daher mußte in Gebieten extensiver Landwirtschaft der Wolf dem Menschen weichen.

Allerdings wurden Wölfe häufig auch aus Gegenden vertrieben, in denen es kein Vieh gab. In bestimmten Gebieten der Erde, etwa Norwegen, Schweden, Finnland sowie Teilen der USA und der ehemaligen Sowjetunion, wurde der Wolf noch in diesem Jahrhundert ausgerottet.

Heute leben die Wölfe der Erde hauptsächlich in der öden Wildnis – in unkultivierbaren, gebirgigen, menschenleeren oder sonst schwer zugänglichen Landstrichen. Die Bemühungen zur Erhaltung der Spezies sollten sich daher darauf konzentrieren, Wölfe in Gebieten, aus denen sie vertrieben worden sind, möglichst wieder heimisch zu machen, und diejenigen großen Flächen unberührter Wildnis, die der Wolf noch bewohnt, zu schützen. Dabei werden auswandernde Jungtiere immer wieder versuchen, angrenzende Gebiete, die vom Menschen genutzt oder bewohnt sind, als Revier zu erobern. Diese Wölfe und ihre Nachkommen werden dann auch Vieh und Haustiere jagen. Und wo die Interessen des Menschen mit denen des Wolfs kollidieren, sind Kontrollmaßnahmen erforderlich. Es wird in diesen Fällen nichts anderes übrigbleiben, als immer wieder einige Wölfe zu erlegen.

Meist ist es nicht möglich, solche Tiere anderswo auszusetzen. Denn wenn diese intelligenten Jäger erst einmal erkannt haben, wie leicht man Haus- und Nutztiere erbeuten kann, werden sie damit auch in der neuen Heimat fortfahren.

Im Wasser und am Wasser fühlen sich Wölfe wie zu Hause. An vielen Stellen ihres Reviers durchschwimmen sie täglich irgendwelche Wasserläufe. Häufig machen sie Jagd auf Biber. Dazu müssen sie regelmäßig an Seen und Strömen entlangpatrouillieren. (Foto: Tom Brakefield)

Gleichgültig, ob es gilt, einen schwimmenden Biber zu erwischen oder einem Reh oder Elch nachzusetzen, die ihr Heil in der Flucht ins Wasser suchen – Wölfe sind immer bereit, in einen Fluß oder See zu springen. (Foto: Tom Brakefield)

Ein Umsiedlungsprojekt für umherschweifende Wölfe wurde in Nordminnesota jahrelang mit bestem Erfolg durchgeführt. Entsprechende Maßnahmen der Bundes- und Staatsregierung haben dort dafür gesorgt, daß das Problem der Viehverluste durch die Raubtiere gelöst wurde. In Minnesota umfaßt das Verbreitungsgebiet der Wölfe 63000 qkm. In bestimmten Teilen dieses Gebietes leben aber auch 230000 bis 360000 Rinder, 16000 bis 58000 Schafe und 680000 Truthähne auf insgesamt etwa 7200 Farmen. Im Durchschnitt betrugen die jährlichen, von den Farmern geltend gemachten Verluste durch Wölfe etwa 70 Stück Rinder, 90 Schafe und 320 Truthähne. Betroffen waren lediglich 21 Farmen.

Kommt ein Farmer oder Rancher zu dem Schluß, sein Viehbestand sei durch Wölfe dezimiert worden, so kann er sich mit Regierungsbeamten in Verbindung setzen, die innerhalb von 24 Stunden reagieren müssen. Sollten sich konkrete Beweise eines Verlusts durch Wölfe finden, zahlt das Landwirtschaftsministerium Minnesota dem betroffenen Eigner eine Entschädigung, und das US-Landwirtschaftsministerium schickt einen Wolfsjäger, der versucht, das betreffende Tier zu erlegen. Von 1975 bis 1987 wurden auf diese Weise durchschnittlich 36 Wölfe pro Jahr geschossen.

1988 und 1989 stiegen die durch Wölfe verursachten Schäden an, und es wurden 64 bzw. 95 Tiere erschossen. Zum Redaktionsschluß war noch unklar, ob diese Zahlen einen kontinuierlichen Anstieg der Wolfspopulation und damit der Wolfsschäden signalisieren, oder ob hier andere Faktoren im Spiel sind. Wie auch immer: Regulierung der Wolfsbestände in landwirtschaftlich genutzten Gebieten plus Entschädigung für Viehverluste durch Wölfe scheint ein vernünftiger Kompromiß zu sein.

Eine Regulierung der Wolfspopulation nur zur Erhöhung der Bestände bestimmter, vom Wolf gejagter Großwildarten ist dagegen ein sehr unsicheres Unterfangen. Natürlich kann die Dezimierung der Wölfe die Erholung von Elch- oder Rotwildherden fördern, wenn diese infolge einer Überjagung oder schlechter Witterungsverhältnisse geschrumpft sind. Sind aber die Bestände der Beutetiere normal oder wird die Beute durch andere Faktoren reduziert, hat eine solche Dezimierung wenig Wirkung. Die für das Großwild zuständigen Behörden haben diese Tatsachen im allgemeinen inzwischen zur Kenntnis genommen, so daß jetzt nur noch selten versucht wird, die Wolfspopulation auf breiter Basis zum Vorteil des Großwilds selbst und seiner menschlichen Jäger zu regulieren.

Aber sogar lokale Maßnahmen zur Wolfseindämmung, die in Reaktion auf stark schrumpfende Großwildbestände durchgeführt werden, stoßen häufig auf die Kritik der Öffentlichkeit. Hinter solchen Protesten stecken sicher edle Motive. Aber man zieht dabei nicht in Betracht, daß bei versiegender

Regulierung der Wolfsbestände

Wodurch wird die Populationsentwicklung der Wölfe reguliert? Drei Jahrzehnte lang haben sich Wolfsverhaltensforscher auf der Isle Royale im Oberen See und zwei Jahrzehnte lang im Superior National Forest mit dieser Frage beschäftigt. Sie haben eine Unmenge Informationen gesammelt und auch bestimmte Aspekte dieser Frage beantworten können. Auch Untersuchungen aus anderen Gebieten haben einen Beitrag zur Lösung des Problems geleistet. Grundsätzlich weiß man heute: Je höher der Beutebestand, desto größer die Anzahl der Wölfe.

Freilich bedeutet eine höhere Stückzahl von Beutetieren nicht unbedingt, daß den Wölfen auch mehr Nahrung zur Verfügung steht. Was hier zählt, ist der Bestand an »schlagbarer« Beute. Welche Faktoren letztlich dazu führen, daß Beute für den Wolf erreichbar wird, und wie diese Faktoren die Stückzahl der Wölfe beeinflussen, das sind Fragen, auf die die Wolfszoologen allen Anstrengungen zum Trotz bis heute keine befriedigende Antwort gefunden haben.

Ohne die Beute aus den Augen zu lassen und ohne zu zögern, springen Wölfe auf der Jagd ins Wasser. (Foto: Tom Brakefield)

Beute auch die Wolfsjungen an Hunger, Krankheit und Parasitenbefall sterben, während die erwachsenen Wölfe einander oft gegenseitig töten.

Die Wildschutzbeamten, die unter solchen Voraussetzungen eine Bestandsregulierung befürworten, tun das mit dem Argument, daß eine schnellere Erholung der Beuteherden auch eine schnellere Erholung der Wolfspopulation mit sich bringt. Das ist sicher richtig. In den Gebieten, in denen eine Bestandskontrolle für Wölfe vorgeschrieben ist, regeneriert sich die Wolfspopulation auch normalerweise in einigen Jahren. Als man z. B. den Wolfsbestand im südlichen Zentralalaska um 58 Prozent reduzierte, stieg die Zahl der überlebenden Tiere innerhalb eines Jahres auf 80 Prozent des vorherigen Bestandes an. Und im Lauf von drei Jahren überstieg ihre Anzahl den Stand vor Beginn der Regulierung. Glücklicherweise hält sich die Wolfspopulation als Ganzes in diesen Gebieten trotz vorübergehender Regulierungsmaßnahmen weitgehend stabil.

Es hat sich gezeigt, daß bei der Bevölkerung in den USA im allgemeinen ein positives Interesse am Wolf besteht. Eine Umfrage der Yale Universität bei Einwohnern Minnesotas ergab z. B., daß die meisten Bürger, die in den Verbreitungsgebieten der Wölfe leben, »ihre« Wölfe nicht missen wollten. Sie brachten immer wieder zum Ausdruck, daß dieses Tier ein

Ein Wolf durchquert jedes Gewässer, ob seicht oder tief. In Nordostminnesota beobachtete man einen Wolf, der hinter einem Reh herschwamm, bis er es erwischte. Er schlug es im Schwimmen. (Foto: Tom Brakefield)

natürlicher Bestandteil der Wildnisgebiete Minnesotas sei und bleiben solle. Zwar äußerten sich die Bauern etwas vorsichtiger, aber auch sie standen den Wölfen überwiegend positiv gegenüber.

Dem Interesse der Amerikaner am Wolf wird auch in der entsprechenden Gesetzgebung zum Schutz gefährdeter Arten Rechnung getragen. Diese Gesetze zählen den Wolf in allen 48 Staaten zu den gefährdeten Arten – außer in Minnesota. In diesem Staat steht er zwar auch auf der Liste der gefährdeten Arten, aber er gilt dort nur als »bedroht«. »Gefährdet« bedeutet nach offizieller Lesart, daß eine Tierart insgesamt oder in wesentlichen Teilen ihrer Population vom Aussterben bedroht ist, während man unter »bedroht« versteht, daß sie in absehbarer Zukunft gefährdet sein könnte.

Wenn Wölfe in landwirtschaftlich genutzten Gebieten leben, machen sie unter Umständen Jagd auf Nutzvieh. Das hat dazu geführt, daß Wölfe weltweit bekämpft und weitgehend ausgerottet wurden. Heute ist man klüger geworden und reguliert das Verhältnis zwischen Wolf und Beute, indem man nur die Wölfe schießt, die wirklich Nutzvieh jagen. Auch entschädigt man die Rancher für ihre durch Wölfe erlittenen Verluste und berät sie, um die Verluste durch Wölfe möglichst gering zu halten. (Foto: Bill Paul)

Im Vollzug dieser Gesetze hat die Bundesregierung bestimmte Arbeitsteams gebildet, die für die Erholung der Wolfspopulation verantwortlich sind: eins für den Timberwolf des Ostens, eins für den Rocky Mountain Wolf im Norden, eins für den Mexikanischen Wolf und eins für den Roten Wolf. Diese Teams haben zunächst Pläne ausgearbeitet, die ideale Zielmarken für die Erholung der jeweiligen gefährdeten Unterart setzen. Es handelt sich also um Vorstellungen, die wohl niemals realisiert werden, die aber doch gute Richtlinien für im Artenschutz oder in der Raumordnung tätige Beamte abgeben können.

Der Plan, der für die Erholung der Wolfsbestände in den nördlichen Rocky Mountains ausgearbeitet wurde, plädiert für die Wiederansiedlung dieser Spezies im Yellowstone Nationalpark, wo diese schon vor rund 60 Jahren ohne jede Notwendigkeit vom Menschen ausgerottet wurde. Der demokratische Abgeordnete Wayne Owens aus Utah und der republikanische Senator James McClure aus Idaho brachten 1989 bzw. 1990 im US-Kongreß Gesetzesvorlagen ein, die zum Ziel hatten, den Wolf im Nationalpark wieder heimisch zu machen. Der Kongreß bewilligte immerhin Gelder zur Untersuchung der aktuellen Situation. Im Yellowstone Nationalpark gibt es große Herden von Beutetieren des Wolfs: Elch, Büffel, Bighornschaf und Pronghornantilope. Sie haben dort nur wenige natürliche Feinde. Daher müssen Jäger außerhalb des Parks diese Herden von Zeit zu Zeit »ausdünnen«.

Die Karibubestände in Nordkanada und Alaska waren im Lauf der Jahrzehnte starken Schwankungen unterworfen. Für einen Rückgang sind oft die Wölfe verantwortlich gemacht worden. Infolgedessen dezimierte man die Wölfe in einigen Gebieten, um die Herden wieder anwachsen zu lassen. In manchen Fällen führte diese Reduzierung der Wolfspopulation auch tatsächlich zu einem Anstieg der Karibubestände. In anderen Fällen jedoch vermehrten sich die Karibus, ohne daß die Zahl der Wölfe vermindert worden wäre. Die Zoologen sind sich gegenwärtig nicht darüber einig, inwieweit sich die Beutejagd der Wölfe auf die Größe der Karibuherden auswirkt. (Foto: L. David Mech)

Die eigentliche Opposition gegen den Plan kommt jedoch von den ortsansässigen Ranchern, die gewisse Verluste an Vieh hinnehmen müßten, wenn Wölfe auch außerhalb des Parks herumstreifen würden. Doch sieht der Erholungsplan, falls notwendig, eine Regulierung der Wolfspopulation außerhalb des Parks vor.

Darüber hinaus hat eine bundesweite Organisation, die Defenders of Wildlife, einen Entschädigungsfond für den Fall eingerichtet, daß Farmer Viehverluste erleiden. Befragungen von Besuchern des Yellowstone Parks ergaben, daß eine überwältigende Mehrheit für die Wiedereinführung der Wölfe ist. Es scheint nur eine Frage der Zeit zu sein, bis Wölfe im Yellowstone Park wieder durch Berg und Tal streifen.

Eine andere bedeutsame Entwicklung im Artenschutz des Wolfs ist das Internationale Wolfszentrum in Ely in Minnesota. Dieses Zentrum trägt auf ganz einzigartige Weise und durch eine Reihe sehr abwechslungsreicher und anschaulicher Methoden zur Meinungsbildung über den Wolf bei. Es macht keine Propaganda für oder gegen den Wolf, sondern liefert nur präzise Fakten.

Ein wichtiger Teil im Programm des Wolfszentrums, dazu eine Publikumsattraktion, ist die Möglichkeit, als Besucher den Wolf in seiner eigenen Umgebung zu erleben. Auf Fußwanderungen bietet sich dort Gelegenheit, Wolfsfährten, verlassene Höhlen und sonstige Spuren lebender Wölfe aufzusuchen. Am Abend gibt es Ausflüge für Interessenten, die sich ein Wolfsgeheul anhören wollen. Exkursionen mit Skiern, Schneeschuhen und Hundeschlitten führen auf die Spuren der Wölfe im Schnee und zu den Überresten ihrer Beutetiere. Vom Flugzeug aus können Wölfe in freier Wildbahn beobachtet werden, und es werden Feldforschungen durchgeführt, an denen Laien unter der Führung von Experten teilnehmen dürfen. Alle diese Aktivitäten veranschaulichen die durch Ausstellungen, Vorträge, Demonstrationen und audiovisuelle Präsentationen gegebenen Informationen.

Wie gesagt, der Wolf war ursprünglich das am weitesten verbreitete Säugetier der Erde. Entsprechend groß ist daher natürlich auch das Interesse auf internationaler Ebene, und das Wolfszentrum trägt ihm durch entsprechende Veranstaltungen Rechnung. Periodisch erfolgen Besuche von Wolfsspezialisten aus dem Ausland, die dann ihrerseits Projekte zur Erforschung des Wolfes in ihren Heimatländern vorstellen. Das neue Gebäude des Internationalen Wolfszentrums, das in den nächsten Jahren seiner Bestimmung übergeben werden soll, wird auf einer Fläche von 550 qm ein wissenschaftliches Museum des Landes Minnesota beherbergen: die Ausstellung »Wolf und Mensch«. Sie enthält ein um ein totes Beutetier aufgebautes Wolfsrudel, Videovorführungen über das Verhalten von Wölfen, eine Nische, in der man dem Wolfsgeheul lauschen kann, Bildtoninterviews zum Thema Wolf mit Persönlichkeiten unterschiedlicher Auffassung, ein Computerspiel, das die Wolfsjagd nachahmt, und zahllose Ausstellungsstücke und Tonbildschauen über Wölfe und ihre Beziehungen zum Menschen. Diese Ausstellung ist bereits durch die ganzen Vereinigten Staaten und Kanada gewandert. Mehr als zwei Millionen Menschen haben sie gesehen.

Auch sonst machen die Bemühungen um die Erhaltung der Wolfsbestände in vielen Teilen der Welt Fortschritte. Der Europarat hat ein »Manifest und Richtlinien zum Artenschutz der Wölfe« angenommen, das von den Wolfsspezialisten in

(Foto Thomas Meier)

Im Internationalen Wolfszentrum in Ely, Minnesota, kann das Publikum an Führungen teilnehmen, bei denen Wölfe beobachtet, ihrem Geheul gelauscht und ihre Spuren – Kothäufchen und getötete Beutetiere – beobachtet werden können. Auf diesem Bild fährt eine Wochenendgruppe auf Skiern über einen gefrorenen See in der Wildnis, nachdem sie ein von Wölfen geschlagenes Reh in Augenschein genommen hat. Das Internationale Wolfszentrum kombiniert solche Exkursionen in die freie Wildbahn mit Kursen über Wolfsbiologie, Tonbildschauen und Besichtigungen eines gefangenen Wolfsrudels. Den Abschluß des Programms bildet ein Gang durch die 550 qm große Ausstellung »Wolf und Mensch«, die schon mehrfach ausgezeichnet wurde. (Foto: Internationales Wolfszentrum)

der »Kommission für den Artenschutz der Tiere« (SSC), einer Abteilung der »Internationalen Union für Naturschutz« (IUCN) ausgearbeitet wurde. Die SSC ist die führende Wolfsschutzorganisation der Erde.

Die Wolfspopulation in Italien, Spanien und Portugal nimmt zu. Die Zahl von 50000 Wölfen in Kanada bleibt einigermaßen stabil, und obgleich prinzipiell die Wolfsjagd im ganzen Land erlaubt ist, hat man sie doch in einigen Provinzen beschränkt. Alaska hat die Jagd auf Wölfe vom Flugzeug aus verboten, erlaubt aber die Jagd und das Fallenstellen. Auch hier sorgt eine zeitliche Beschränkung der Jagdsaison dafür, daß die Wolfspopulation trotzdem nicht abnimmt.

In anderen Teilen der Erde geht es den Wölfen freilich längst nicht so gut. In Mexiko z. B. sind sie fast ganz verschwunden. In Norwegen und Schweden gibt es nur noch wenige Exemplare, und wenn sie ein Stück Vieh erbeuten, hagelt es Proteste. Dort ist ihre Zukunft gefährdet. Die GUS hat ihre Wolfsbestände erheblich dezimiert, sogar in den Reservaten. In Israel fristen die Wölfe ein kümmerliches Dasein, während sie in Indien überhaupt erst noch gezählt werden müssen. So ergibt sich, auf die ganze Welt gesehen, ein sehr unterschiedliches Bild.

Trotzdem sind mehrere Länder, in denen Wölfe heimisch sind, mit gutem Beispiel vorangegangen. Sie haben gezeigt, daß es möglich ist, Wölfe in der Wildnis leben zu lassen oder sie dort sogar wieder anzusiedeln, wenn man das Problem nur richtig anpackt. Wir können nur hoffen, daß diese Lektionen auch woanders gelernt werden. Dann kommt vielleicht der Tag, wo der wilde Wolf wieder alle Länder der Erde bewohnt, die ihm Lebensmöglichkeiten bieten.

LITERATUR

Lesern, die sich näher mit der Materie befassen wollen, seien die folgenden wissenschaftlich fundierten Werke zur Lektüre empfohlen:

Allen, D. L., The Wolves of Minong: Their Vital Role in a Wild Community, Houghton Mifflin Co., Boston 1979.

Boitani, L., Dalla Parte del Lupo, L'Airone di Giorgio Mondadori e Associati Spa, Milano 1987.

Gray, D. R., The Musk Oxen of Polar Bear Pass, National Museum of Natural Sciences, Fitzhenry and Whitside, Markham, Ontario, 1988.

Harrington, F. H., und P. C. Paquet (Eds.), Wolves of the World, Noyes Publications, Park Ridge, N. J., 1982.

Klinghammer, E. (Ed.), The Behaviour and Ecology of Wolves, Garland STPM Press, N. Y., London 1979.

Mech, L. D., The Wolf: Ecology and Behaviour of an Endangered Species, Doubleday, Garden City, N. Y., 1970, reprint 1981

Mech, L. D., Der Weiße Wolf, Mit einem Wolfsrudel unterwegs in der Arktis, Frederking & Thaler, München 1991.

Murie, A., The Wolves of Mount McKinley, Fauna of the National Parks of the United States, Fauna Series No. 5, U. S. Government Printing Office, 1944.

Peterson, R. O., Wolf Ecology and Prey Relationships on Isle Royale, National Park Service Scientific Monograph Series No. 11, 1977.

Walberg, K. I., Ulven, Grondahl & Sons, Forlag A. S., Oslo 1987.

Zimen, E., Der Wolf, Mythos und Verhalten, nymphenburger, München 1978.

Der erste Frost ist da. Vorsichtig prüft der Wolf, ob das Eis auf dem Fluß schon hält – ein Problem, das er in jedem Herbst und Winter mit seinen Artgenossen teilt. (Foto: Tom Brakefield)

ZUM AUTOR UND DEN FOTOGRAFEN

(Foto: L. David Mech)

Der »Wolfsmensch« Dr. L. David Mech, eine Kapazität auf dem Gebiet der Tierverhaltensforschung, beschäftigt sich seit 1958 ununterbrochen mit Wölfen und ihren Beutetieren. In dieser Rekordzeit als Wolfsbiologe veröffentlichte er bisher vier Bücher einschließlich des internationalen Bestsellers »Der Weiße Wolf« (deutsche Ausgabe 1990, ebenfalls bei Frederking und Thaler). Sein Buch »Der Wolf«, wurde erstmals 1970 veröffentlicht, über sechzigtausendmal verkauft und gilt inzwischen als Klassiker.

Mech ist ein international bekannter Wissenschaftler. Er erforschte das Leben der Wölfe in den Vereinigten Staaten, Italien, Kanada und anderen Ländern, das Verhalten der Leoparden und Löwen in Kenia und der Tiger in Indien. In der ehemaligen Sowjetunion arbeitete er an Wildzählungen mit. Größere Forschungsprojekte Mechs befaßten sich mit Wolf und Elch im Nationalpark Isle Royale im Oberen See, mit Wolf und Weißwedelhirsch in Minnesota, Wolf und Moschusochse im hohen Norden und Wolf und Elch bzw. Karibu und Dallschaf im Denali Nationalpark in Alaska. Er ist vielleicht der einzige Mensch, der mit eigenen Augen beobachtet hat, wie Wölfe Elche, Hirsche, Karibus, Moschusochsen und Schneehasen rissen. Wahrscheinlich ist er auch der einzige Mensch, dem je ein wilder Wolfswelpe die Schnürsenkel aufgezogen hat.

Mech setzt sich aktiv für die Zukunft des Wolfs ein. Er ist Vorsitzender der Wolfskommission in der IUCN, Mitglied in verschiedenen Teams, die für die Regeneration der Wolfspopulation arbeiten, und Gründer und Vizepräsident des Komitees für ein Internationales Wolfszentrum. Mech besitzt ein Diplom für Artenschutz der Cornell Universität und einen Doktorgrad der Purdue Universität für Wildökologie. Er arbeitet als Zoologe für den amerikanischen Fisch- und Wildtierdienst (Fish and Wildlife Service) und ist Dozent an der Universität von Minnesota.

Wölfe zu fotografieren stellt, genauso wie ihre Erforschung, hohe Anforderungen, und es gibt dafür vier Methoden:

1. Gelegenheitsaufnahmen wilder Wölfe, die bei Studienprojekten, meist vom Flugzeug aus, gemacht wurden.
2. Nahaufnahmen gefangener Wölfe in scheinbar natürlicher Umgebung.
3. Fotos von Wölfen in abgelegenen Gegenden, etwa in der Arktis, und in Nationalparks, wo sie noch nicht so menschenscheu sind.
4. Bilder von zahmen Wölfen, die für Fotoaufnahmen vorübergehend freigelassen wurden. Diese Technik wurde zum ersten Mal von dem Wolfsbiologen Douglas Pimlott angewandt. Er ließ mehrere Wölfe, die er aufgezogen hatte, im Algonquin Park in Ontario, Kanada, frei und schoß dann sensationelle Schwarz-Weiß-Fotos, die in seinem Buch »The World of the Wolf« veröffentlicht sind.

Für »Auf der Fährte der Wölfe« wurden Fotos verwendet, die auf alle vier Arten zustandegekommen sind. Wir waren in der angenehmen Lage, die wichtigsten Aspekte der Wolfsbiologie durch die besten Aufnahmen der bekanntesten Fotografen zu belegen. Die Bilder stammen von Dr. Rolf Peterson aus seinem Isle Royale-Projekt; von Layne Kennedy und Karen Hollett, die gefangene Wölfe fotografiert haben, von Rick McIntyre und seinen Wölfen im Denali Nationalpark und von Tom Brakefield, der mit bewundernswerter Geschicklichkeit viele großartige Szenen gestellt hat, die zwar in der freien Wildbahn vorkommen, aber dort unmöglich aufgenommen werden könnten. Ergänzt wird diese Auswahl durch einige Aufnahmen, die der Autor selbst im hohen Norden gemacht hat.

Register

(Foto: L. David Mech)